人工智能实践编程技术丛书 ARTIFICIAL INTELLIGENCE PROGRAMMING PRACTICES

总主编 刘辉

时间序列分析与Python实例

李烨 陈琼 李燕飞 武星 彭琳琳 刘辉 ⊙ 编著

TIME SERIES ANALYSIS AND PYTHON PRACTICES

中南大学出版社
www.csupress.com.cn
·长沙·

前言

Foreword

时间序列分析属于统计学领域的一个重要分支，近年来在新能源、环境气象、医疗健康、经济金融、交通土建、机械电气等各行各业的工程应用得到迅速发展。本书在提供时间序列分析基本原理的基础上，重点对统计方法、机器学习、深度学习及其时间序列分析应用进行案例分析，并提供了Python实例。本书还考虑了大数据背景下对海量时间序列数据的处理与分析方法，对大数据分析引擎Apache Spark及其时间序列分析也提供了应用实例。

本书共包含4章，组织结构如下：第1章对时间序列分析方法进行概述；第2章对统计方法及其时间序列分析进行介绍并提供Python实例；第3章对机器学习及其时间序列分析进行介绍并提供Python实例；第4章对深度学习及其时间序列分析进行介绍并提供Python实例。

本书主要为读者提供快速的问题解决思路和一般策略，未深入讨论各类算法模型的底层原理、推导过程及具体任务的优化改进。读者可在本书提供的方法和源码基础上，进行模型结构或算法流程优化和创新，以满足读者在实际学习、研究和工程应用中的需要。为保证代码清晰明确，本书执行PEP 8(python enterprise proposal 8)代码格式。

书中实例围绕时间序列分析目标开展编程，应用范围较为广泛，有望满足不同领域科研工作者及工程技术从业人员的使用需要，既可作为本科生、研究生相关课程教学教材，也能作为相关领域工程人员的技术参考书。

本书的出版得到国家重点研发计划项目(2020YFC2008600)的资助。在本书的写作过程中，得到了来自浙江大学、北京航空航天大学、清华大学、南京航空航天大学、湖南大学等高校同行的帮助，在此一并表达衷心的感谢。由于作者水平有限，书中疏漏之处在所难免，望读者对本书进行批评指正。

人工智能实践编程技术丛书

《时间序列分析与 Python 实例》编写组

2023 年 2 月

目录

Contents

第 1 章

概述

本章简明扼要地对时间序列分析的基础概念进行了介绍，主要包括时间序列特性分析，时间序列预处理方法、时间序列预测方法、预测任务分类准则、预测任务描述、预测误差评价指标、预测可视化以及常用框架等。本章通过对这些内容的介绍，旨在为读者建立时间序列预测的大致框架，为后续内容的展开奠定基础。

1.1 时间序列分析基础

时间序列是按照时间顺序索引的一系列数据点。通常，时间序列是指在连续的等间隔时间点上采样得到的离散序列。时间序列分析旨在通过对时间序列数据进行分析以提取有价值的数据隐含特征。时间序列预测旨在基于历史观测值运用预测模型给出对未来的预测。

1.1.1 时间序列特性

1. 平稳性

时间序列的平稳性是指一组时间序列数据的统计特征(如均值、方差和协方差等)不随时间的变化而变化。其数学定义分为严平稳和宽平稳(或弱平稳)。因为实际应用中很难获得随机序列的分布函数，所以严平稳用得极少，主要是使用宽平稳时间序列。

(1)宽平稳

假定某个时间序列是由某一随机过程生成的，即假定时间序列 $X_t(t=1, 2, \cdots)$的每一个数值都是从一个概率分布中随机得到，如果满足下列条件：

① 均值 $E(X_t)=\mu$，与时间 t 无关的常数；

② 方差 $\mathrm{var}(X_t)=\sigma^2$，与时间 t 无关的常数；

③ 协方差 $\mathrm{cov}(X_t X_{t+k})=\gamma_k$，只与时间间隔 k 有关，与时间 t 无关的常数。则称该随机时间序列是宽平稳的，而该随机过程是一个平稳随机过程。

(2)严平稳

假定时间序列 $X_t(t=1, 2, \cdots)$，如果对任意的时间间隔$(j_1, j_2, \cdots, j_n)$，$(X_t, X_{t+j_1}, \cdots, X_{t+j_n})$的联合概率只取决于时间间隔$(j_1, j_2, \cdots, j_n)$，而与时间 t 无关，则称该时间序列是严平稳的。

2. 相关性

相关性指两个变量之间的相关程度。相关分析包括自相关与互相关。自相关是指时间序列 X_t 在任意不同时刻的两个变量之间的相关程度，互相关则用于描述两个时间序列 X_t 与 Y_t 之间的相关程度。

时间序列滞后为 k 的自相关系数 r_k 的计算如式(1-1)所示。

$$r_k = \frac{\sum_{t=k+1}^{n}(x_t - \bar{x})(x_{t-k} - \bar{x})}{\sum_{t=1}^{n}(x_t - \bar{x})^2} \tag{1-1}$$

式中：n 为时间序列 X_t 的长度；x_t 为序列 X_t 在时刻 t 的观测值；$\bar{x}$ 为序列 X_t 的均值；k 为时间序列的滞后阶数。

常用的互相关分析方法包括皮尔逊相关系数和互信息等。

(1)皮尔逊相关系数

皮尔逊相关系数(Pearson correlation coefficient，*PCC*)用于度量变量 X 和 Y 之间的线性相关性，其值介于-1 至+1 之间。*PCC* 的计算方法如式(1-2)所示。

$$PCC = \frac{\sum_{i=1}^{n}(x_i - \bar{x})(y_i - \bar{y})}{\sqrt{\sum_{i=1}^{n}(x_i - \bar{x})^2 \times \sum_{i=1}^{n}(y_i - \bar{y})^2}} \tag{1-2}$$

式中：x_i 为变量 X 的第 i 个观测值；y_i 为变量 Y 的第 i 个观测值；$\bar{x}$ 和 $\bar{y}$ 分别为变量 X 和 Y 的均值；n 为变量 X 和 Y 的长度。

(2)互信息

互信息可以用来表示两个变量 X 与 Y 是否有关系，以及关系的强弱。其计算方法如式(1-3)所示。

$$I(X; Y) = \sum_{x, y} p(x, y)\log\frac{p(x, y)}{p(x)p(y)} \tag{1-3}$$

式中：$p(x)$ 为 $X=x_i$ 出现的概率；$p(y)$ 为 $Y=y_i$ 出现的概率；$p(x, y)$ 为 $X=x_i$，$Y=y_i$ 的联合概率。

3. 周期性

周期性是指时间序列中呈现出来的围绕长期趋势的一种波浪形或振荡式变动。准确提取周期信息，不仅能反映当前数据的规律，应用于相关场景，还可以预测未来数据变化趋势。

4. 随机性

对时间序列进行分解，可将时间序列的趋势项、周期项和随机项从原始序列中分解出来。对于趋势性或周期性变化，常用确定性时序分析；而对于随机项，可用随机时序模型拟合，属于随机时序分析。

除上述重要特性外，时间序列还包括趋势性(时间序列显示出长期增长或减少的趋势)和季节性(时间序列在固定季节周期内显示出的模式或行为)等其他特性。

1.1.2　时间序列数据预处理

1. 重采样

原始获取的时间序列通常是以固定的间隔采样得到的，使用降采样方法，可以将原始高频的数据降低为低频，以满足特定的任务要求。例如原始数据以秒为单位间隔进行高频采样，而我们更关注细粒度较低的低频情况，即更关注以分钟级、小时级、天级以至更高间隔等级数据的整体情况。此时需要对原始数据进行降采样，对一定时间范围内的数据进行聚合，以减少数据量和降低数据频率。此处需要提供一个聚合方法，即如何处理一定时间范围内的数据以整合高频数据继而降低数据量，常用的方法包括取最大值、取最小值、取平均值，以及取累加和等。聚合方法的选取是任务相关的，需要根据具体的需求逻辑判断。

尽管可以对数据进行升采样，将原始低频的数据转换为高频，但通常难以为原始数据填充和补全更细节的信息，此处不再讨论。当重采样不改变原始数据的频率时，重采样还可用于对缺失时刻的补全，这种情况将在下一小节讨论。

代码 1-1 中给出了一个对数据进行降采样的示例。1～4 行导入第三方库 numpy 和 pandas 用于数据操作；6～13 行利用 pandas 提供的方法构建一个日期时间范围；14 行利用 numpy 提供的方法创建与日期等长的随机整数数组；15～17 行利用 pandas 的 Dataframe 对象重新整合数据并打印展示；19～23 行利用 Dataframe 对象的 resample 方法对数据进行降采样，并使用 sum 方法对数据进行聚合。

代码 1-1　时间序列重采样

```
# ch1/ch1.ipynb
# 第三方库
import numpy as np
import pandas as pd

# 高频数据构造
date = pd.date_range(
      '2022-01-01 00:00:00',  # 开始时间
      '2022-01-01 08:00:00',  # 结束时间
      freq='1H',  # 间隔时间
      closed='left',  # 左闭右开
      tz='UTC'  # 时区
)
value = np.random.randint(1, 100, len(date))
data = pd.DataFrame({'value': value}, index=date)
print('原始 1H 间隔数据')
print(data)

# 降采样到 3H 间隔
data = data.resample('3H').sum()
print()
print('降采样 3H 间隔数据')
print(data)
```

上述程序的执行结果在输出 1-1 给出。

输出 1-1　时间序列重采样

```
# ch1/ch1.ipynb (执行输出)
原始 1H 间隔数据
                              value
```

```
2022-01-01 00:00:00+00:00        28
2022-01-01 01:00:00+00:00        31
2022-01-01 02:00:00+00:00        84
2022-01-01 03:00:00+00:00        27
2022-01-01 04:00:00+00:00        96
2022-01-01 05:00:00+00:00        41
2022-01-01 06:00:00+00:00        37
2022-01-01 07:00:00+00:00        62

降采样 3H 间隔数据
                               value
2022-01-01 00:00:00+00:00       143
2022-01-01 03:00:00+00:00       164
2022-01-01 06:00:00+00:00        99
```

2. 缺失值补全

由于数据在采集和传输过程中可能出现问题，或被观测对象在特定时间内发生故障而无有效输出，原始采集到的数据中通常包含缺失值（missing values）。由于时间序列预测任务的特性，一般要求数据在时间维度上是连续和等间隔的。因此，为了满足对数据建模的需要，有必要对缺失值进行补全。在时间序列中，通常选用插值方法进行补全，例如利用线性插值法对缺失数据进行估计和补充，以保证数据的完整性和可用性。

需要注意，对数据的插值补全仅在数据分析和模型构建中有意义。当训练调试完毕的模型在实际中应用部署时，需要重新考虑具体的数据处理逻辑以面对实际数据缺失情况。

在数据有缺失的情况下，尽管可以直接删除缺失值而拼接其余数据，并顺利完成后续时间序列预测建模，但这样做将导致时间序列数据不再等间隔，进而导致一些潜在的问题。

在数据完整性较好、缺失数据不多的情况下，有必要对缺失值进行补全。若数据缺失值过多，从少量样本中恢复原始数据并不具备太多意义，不建议继续开展时间序列预测研究。

代码 1-2 中给出了用于缺失值补全的示例函数代码。1～4 行导入 Python

第三方库；6~18 行用于构建完整的不包含缺失值的数据；20~23 行将数据的第 3 行和第 6 行数据置为 None 以人为地构造有缺失值的数据；25~28 行首先设置时间索引，其次进行不改变序列频率的重采样以补全缺失的时间，最后利用插值方法补全缺失的数据；29~32 行恢复数据索引并打印输出缺失值补全后的数据。

代码 1-2　时间序列缺失值补全

```
1. # ch1/ch1.ipynb
2. # 第三方库
3. import numpy as np
4. import pandas as pd
5.
6. # 完整数据构造
7. date = pd.date_range(
8.       '2022-01-01 00:00:00',  # 开始时间
9.       '2022-01-01 08:00:00',  # 结束时间
10.      freq='1H',  # 间隔时间
11.      closed='left',  # 左闭右开
12.      tz='UTC'   # 时区
13. )
14. value = np.random.randint(1, 100, len(date))
15. data = pd.DataFrame({
16.      'date': date,
17.      'value': value
18. })
19.
20. # 随机设置缺失值
21. data.iloc[[3, 6], :] = None
22. print('有缺失数据集')
23. print(data)
```

```

# 缺失值补全
data.set_index('date', inplace=True)  # 设置时间为索引
data = data.resample('1H').mean()  # 补全缺失时间
data.interpolate(method='time', inplace=True)  # 插值
data.reset_index(inplace=True)  # 恢复默认索引
print()
print('缺失值补全数据集')
print(data)
```

上述代码中对原始序列数据进行重采样时，给定的时间间隔是与原始序列数据采样间隔相等的，在本例中均为 1 h（小时）。这样在不改变数据量和数据频率的基础上，能够首先补全数据有缺失的时刻。随后，使用插值方法可以对缺失时刻对应的序列值进行推断和补全。

上述程序的执行结果在输出 1-2 中给出。

输出 1-2　时间序列缺失值补全

```
# ch1/ch1.ipynb (执行输出)
有缺失数据集
                        date    value
0 2022-01-01 00:00:00+00:00    96.0
1 2022-01-01 01:00:00+00:00    53.0
2 2022-01-01 02:00:00+00:00    11.0
3                        NaT     NaN
4 2022-01-01 04:00:00+00:00    46.0
5 2022-01-01 05:00:00+00:00    23.0
6                        NaT     NaN
7 2022-01-01 07:00:00+00:00    35.0

缺失值补全数据集
                        date    value
```

```
0 2022-01-01 00:00:00+00:00    96.0
1 2022-01-01 01:00:00+00:00    53.0
2 2022-01-01 02:00:00+00:00    11.0
3 2022-01-01 03:00:00+00:00    28.5
4 2022-01-01 04:00:00+00:00    46.0
5 2022-01-01 05:00:00+00:00    23.0
6 2022-01-01 06:00:00+00:00    29.0
7 2022-01-01 07:00:00+00:00    35.0
```

在实际时间序列任务中，由不同渠道收集到的数据的时间信息（时间戳）可能具有不同的时区，在分析过程中可统一转换至同一时区，以防发生数据对齐错误，造成数据泄露等问题。当一个国家或地区具有多个时区或其划分冬夏令时的情况下，这种情况尤为值得关注。

在不同时间序列预测任务中收集到的时间序列数据情形各异，其数据完整性和可用性等均差异较大，针对具体数据集的预处理流程是不尽相同的，需要具体问题具体分析。为简化代码，本书后续的时间序列预测实例中，均认为原始时间序列数据是完整且无缺失值的①，重点关注数据重组织、模型建立、模型训练和性能测试等内容。后续章节不再使用重采样和缺失值补全等方法进行数据预处理。读者处理自己收集的数据集时，可参考本节内容，并结合数据过滤、数据排序、数据分组等常用数据分析技术，进行具体的数据预处理，以提高数据质量。

3. 异常值处理

除缺失值外，原始获取的时间序列数据中可能存在一定数量的异常值。导致异常值的原因是多样的，如数据采集设备异常、数据传输异常等。这些异常值通常是一些不符合被观测对象实际情况的记录。因此在多数情况下，异常值的辨识和修正是任务相关的，需要依赖具体的任务逻辑对异常数据进行查找和修正。

此外，由于预测模型输出的不确定性，其依据特定输入给出的预测值可能是不符合实际情况的，需要在模型预测之后添加一个后处理方法，该方法支持

① 书中使用的数据集均已预先完成了缺失值补全、时区对齐和异常值处理等。

自动地对预测异常值进行辨识和修正。

4. 归一化和标准化

在时间序列预测任务中，不同特征的数值范围和分布可能差别很大[①]，极有可能影响模型的表达能力和收敛速度。此外，模型超参数的选择也较为依赖原始数据，对数据进行限制有助于超参数初始范围的确定。因此，有必要对数据范围和分布进行限制，而归一化和标准化则是两类常用的方法。

最大最小值归一化将特征的数值范围限制到 0 至 1 之间，如式(1-4)所示。

$$\boldsymbol{X}_n=\frac{\boldsymbol{X}-\min(\boldsymbol{X})}{\max(\boldsymbol{X})-\min(\boldsymbol{X})} \tag{1-4}$$

式中：$\boldsymbol{X}_n$ 为归一化后的特征；$\boldsymbol{X}$ 为原始特征；$\max(\boldsymbol{X})$ 为 $\boldsymbol{X}$ 的最大值；$\min(\boldsymbol{X})$ 为 $\boldsymbol{X}$ 的最小值。

标准化则是将特征的分布变换为均值为 0、标准差为 1 的分布，如式(1-5)所示。

$$\boldsymbol{X}_n=\frac{\boldsymbol{X}-\overline{\boldsymbol{X}}}{std(\boldsymbol{X})} \tag{1-5}$$

式中：$\boldsymbol{X}_n$ 为标准化后的特征；$\boldsymbol{X}$ 为原始特征；$\overline{\boldsymbol{X}}$ 为 $\boldsymbol{X}$ 的平均值；$std(\boldsymbol{X})$ 为 $\boldsymbol{X}$ 的标准差。

上述归一化和标准化公式中的均值、最大值、最小值、标准差的计算仅依赖训练集，而不涉及测试集数据，否则将会发生轻微的数据泄露。经由归一化或标准化数据训练得到的模型，在执行预测时，其输出需要经反归一化或反标准化恢复至原始数据幅值范围。

此外，在原始序列带有趋势的情况下，归一化和标准化可能导致模型无法准确对未来状况做出估计，建议读者在后续程序设计中同时考虑不对数据进行归一化和标准化的情况。

代码 1-3 中给出了用于数据归一化和标准化的示例代码。1～5 行导入各类 Python 第三方模块；7～11 行随机生成训练数据集和测试数据集；13～19 行查看这些数据集的形状和最大、最小值；21～23 行初始化两个分别用于归一化数据特征和数据标签的归一化缩放器对象；25～29 行先使用训练数据训练归一化器并归一化训练数据，随后对测试数据进行归一化；31～37 行继续查看归一化后数据的形状和最大、最小值；39～55 行使用标准化缩放器重复上述过程。

---

① 这个表述在多变量时间序列预测时成立。在单变量预测和非 RNN 模型中，数据集被转换为监督学习样本后，各维特征的范围实际上是相近的。在这种情况下，归一化和标准化仍有助于加速模型收敛。

代码 1-3　时间序列归一化和标准化

```
# ch1/ch1.ipynb
# 第三方库
import numpy as np
import pandas as pd
from sklearn.preprocessing import MinMaxScaler, StandardScaler

# 随机初始化生成数据
train_x = np.random.random((500, 10))*100  # [num_train, H]
train_y = np.random.random((500, 1))*100  # [num_train, 1]
test_x = np.random.random((100, 10))*100  # [num_test, H]
test_y = np.random.random((100, 1))*100  # [num_test, 1]

# 查看未归一化/标准化时的数据维度和范围
print(f'{train_x.shape=}, {train_y.shape=}')
print(f'{test_x.shape=}, {test_y.shape=}')
print(f'{train_x.min()=:.4f}, {train_x.max()=:.4f}')
print(f'{train_y.min()=:.4f}, {train_y.max()=:.4f}')
print(f'{test_x.min()=:.4f}, {test_x.max()=:.4f}')
print(f'{test_y.min()=:.4f}, {test_y.max()=:.4f}')

# 初始化 MinMaxScaler
x_scalar = MinMaxScaler(feature_range=(0, 1))
y_scalar = MinMaxScaler(feature_range=(0, 1))

# 训练集和测试集归一化
train_x_n = x_scalar.fit_transform(train_x)  # [num_train, H]
test_x_n = x_scalar.transform(test_x)  # [num_test, H]
train_y_n = y_scalar.fit_transform(train_y)  # [num_train, 1]
```

```
test_y_n = y_scalar.transform(test_y)  # [num_test, 1]

# 查看归一化后的数据维度和范围
print(f'\n{train_x_n.shape=}, {train_y_n.shape=}')
print(f'{test_x_n.shape=}, {test_y_n.shape=}')
print(f'{train_x_n.min()=:.4f}, {train_x_n.max()=:.4f}')
print(f'{train_y_n.min()=:.4f}, {train_y_n.max()=:.4f}')
print(f'{test_x_n.min()=:.4f}, {test_x_n.max()=:.4f}')
print(f'{test_y_n.min()=:.4f}, {test_y_n.max()=:.4f}')

# 初始化 StandardScaler
x_scalar = StandardScaler()
y_scalar = StandardScaler()

# 训练集和测试集标准化
train_x_n = x_scalar.fit_transform(train_x)  # [num_train, H]
test_x_n = x_scalar.transform(test_x)  # [num_test, H]
train_y_n = y_scalar.fit_transform(train_y)  # [num_train, 1]
test_y_n = y_scalar.transform(test_y)  # [num_test, 1]

# 查看标准化后的数据维度和范围
print(f'\n{train_x_n.shape=}, {train_y_n.shape=}')
print(f'{test_x_n.shape=}, {test_y_n.shape=}')
print(f'{train_x_n.min()=:.4f}, {train_x_n.max()=:.4f}')
print(f'{train_y_n.min()=:.4f}, {train_y_n.max()=:.4f}')
print(f'{test_x_n.min()=:.4f}, {test_x_n.max()=:.4f}')
print(f'{test_y_n.min()=:.4f}, {test_y_n.max()=:.4f}')
```

上述程序的执行结果在输出 1-3 中给出。

输出 1-3　时间序列归一化和标准化

```
# ch1/ch1.ipynb (执行输出)
train_x.shape=(500, 10), train_y.shape=(500, 1)
test_x.shape=(100, 10), test_y.shape=(100, 1)
train_x.min()=0.0005, train_x.max()=99.8647
train_y.min()=0.1415, train_y.max()=99.8912
test_x.min()=0.0701, test_x.max()=99.6524
test_y.min()=1.8336, test_y.max()=96.8094

train_x_n.shape=(500, 10), train_y_n.shape=(500, 1)
test_x_n.shape=(100, 10), test_y_n.shape=(100, 1)
train_x_n.min()=0.0000, train_x_n.max()=1.0000
train_y_n.min()=0.0000, train_y_n.max()=1.0000
test_x_n.min()=0.0005, test_x_n.max()=1.0007
test_y_n.min()=0.0170, test_y_n.max()=0.9691

train_x_n.shape=(500, 10), train_y_n.shape=(500, 1)
test_x_n.shape=(100, 10), test_y_n.shape=(100, 1)
train_x_n.min()=-1.8114, train_x_n.max()=1.7516
train_y_n.min()=-1.7133, train_y_n.max()=1.7309
test_x_n.min()=-1.7773, test_x_n.max()=1.7413
test_y_n.min()=-1.6549, test_y_n.max()=1.6244
```

在有些情况下，原始获得的时间序列数据可能已经是归一化后的数据，此时我们仍然可以在程序中先对训练数据进行归一化，再对模型输出反归一化。

5. 序列统计量计算

通过计算时间序列数据的基本统计特征并绘制时间序列数据的曲线图表，可以获得时间序列的整体和直观的印象。代码 1-4 提供了一个用于计算时间序列长度、最大值、最小值、均值、标准差、偏度和峰度等统计量的函数。

代码 1-4　自定义模块：时间序列统计量计算

```
# utils/dataset.py
# 第三方库
import pandas as pd
from IPython.display import display


def stats(series):
    """计算单变量时间序列统计量

    参数:
        series (1d numpy array): 时间序列数据.
    """
    series = pd.DataFrame(series)
    stat = pd.DataFrame(
        data=[[
            series.shape[0],
            series.max().values[0],
            series.min().values[0],
            series.mean().values[0],
            series.std(ddof=1).values[0],  # 样本标准差
            series.skew().values[0],
            series.kurt().values[0]
        ]],
        columns=[
            '序列长度', '最大值', '最小值', '均值', '标准差', '偏度', '峰度'
        ]).round(2)

    # 打印统计结果,可替换为 print()
    display(stat)
```

1.2 时间序列预测

1.2.1 滑动窗口

单变量时间序列数据为一维数据集，为适应机器学习中有监督学习算法的需要，需要将其转换为由特征向量及标签构成的有监督学习数据集。

采用滑动窗口的策略可将一维的时间序列转化为监督学习数据集。即将 H 个历史观测值按采样顺序组成特征向量①，而将接下来 S 个时刻的观测值作为样本标签②。H 为特征变量的历史时期数，而 S 为预测模型输出变量的超前预测时期数，对应于不同步长的预测。

图 1-1 展示了利用滑动窗口方法将时间序列数据转化为监督学习数据集的过程。在该示例中，特征维度 D 为 1，即该序列为单变量序列，历史值长度 H 为 5，超前预测步数 S 为 3。

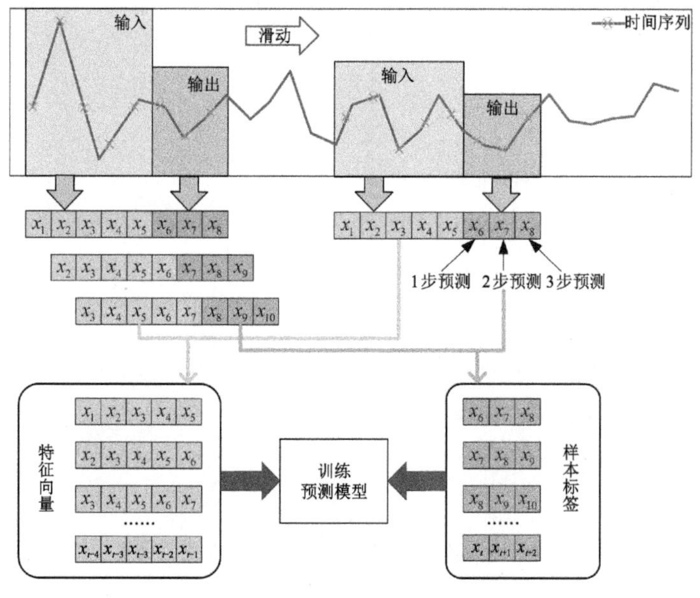

图 1-1　滑动窗口

① 此处称其为特征向量是为了简化理解，实际上一般意义的特征向量是由同一时刻采集的不同变量组成的。

② 输出常被称为标签，在时间序列预测中，该标签是连续的，且允许是多维的。

在基于滑动窗口的时间序列预测研究中，利用当前时刻前 H 个时刻的历史数据，经过模型运算，可输出当前时刻后 S 个时刻的预测值。在实际应用中，每当连续收集到 H 个观察，即可立刻做出 S 个预测。在这种情况下，滑动窗口间存在重叠。

代码 1-5 给出了时间序列数据转监督学习数据的示例程序。1~4 行导入 Python 第三方库；7~23 行定义一个简单的将一维时间序列数据集转化为二维监督学习数据集的函数，该函数接受原始序列数据和历史值长度为输入参数（此处默认输出长度为 1），输出构建好的监督学习数据集中的样本特征和样本标签；26~27 行初始化了一个简单的长度为 10 的时间序列数据；29~32 行调用上述函数进行数据变换并打印变换后的数据及其维度。

代码 1-5　时间序列转监督学习

```
1. # ch1/ch1.ipynb
2. # 第三方库
3. import numpy as np
4. import pandas as pd
5.
6.
7. def series_to_supervised(series, H):
8.     """时间序列数据转监督学习数据
9.
10.    参数:
11.        series (list or 1d numpy array): 时间序列数据.
12.        H (int): 输入历史值数量.
13.
14.    返回值:
15.        [numpy array]: 监督学习数据集, 特征和标签
16.    """
17.    X, y = [], []
18.    for i in range(len(series)-H):
```

```
        seq_x = series[i:i+H]  # 从位置 i 开始截取长度为 H 的输入
        seq_y = series[i+H]  # 取位置 i+H 的单个数值为输出
        X.append(seq_x)
        y.append(seq_y)
    return np.array(X), np.array(y)  # 转换 list 变量为 numpy array 变量


# 时间序列数据构造
data = np.linspace(1, 10, 10)

# 输入输出划分
X, y = series_to_supervised(data, 5)
print(f'{X.shape=}, {y.shape=}')
print(f'{X=}, \n{y=}')
```

上述程序的执行结果在输出 1-4 中给出。

输出 1-4　时间序列转监督学习

```
# ch1/ch1.ipynb (执行输出)
X.shape=(5, 5), y.shape=(5, )
X=array([[1., 2., 3., 4., 5.],
         [2., 3., 4., 5., 6.],
         [3., 4., 5., 6., 7.],
         [4., 5., 6., 7., 8.],
         [5., 6., 7., 8., 9.]]),
y=array([ 6.,  7.,  8.,  9., 10.])
```

该函数仅支持单变量时间序列数据的单步超前预测数据集构建。为满足本书后续各章对数据处理的一致性和兼容性，代码 1-6 中提供了另一个常用的函数，该函数允许从多变量时间序列构建多变量的监督学习数据集。

代码 1-6　自定义模块：时间序列数据转监督学习数据集

```
# utils/dataset.py
# 第三方库
import pandas as pd
from IPython.display import display


def series_to_supervised(data, n_in=1, n_out=1, dropnan=True):
    """将时间序列数据转换为监督学习数据集

    参数:
        data (list or 2d numpy array): 时间序列数据.
        n_in (int, optional): 输入变量 X 的滞后数目. 默认为 1.
        n_out (int, optional): 输出变量 y 的超前数目. 默认为 1.
        dropnan (bool, optional): 是否去除带有空值的行. 默认为 True.

    返回值:
        [pandas Dataframe]: 监督学习数据集
    """
    n_vars = 1 if type(data) is list else data.shape[1]
    df = pd.DataFrame(data)
    cols, names = list(), list()

    # 输入序列 [t-n, ..., t-1]
    for i in range(n_in, 0, -1):
        cols.append(df.shift(i))
        names += [f'var{j}(t-{i})' for j in range(n_vars)]

    # 输出序列 [t, t+1, ..., t+n]
```

```
    for i in range(0, n_out):
        cols.append(df.shift(-i))
        if i == 0:
            names += [f'var{j}(t)' for j in range(n_vars)]
        else:
            names += [f'var{j}(t+{i})' for j in range(n_vars)]

    # 输入/输出拼接
    dataset = pd.concat(cols, axis=1)
    dataset.columns = names

    # 删除空值行
    if dropnan:
        dataset.dropna(inplace=True)

    # 重置行索引
    dataset.reset_index(inplace=True, drop=True)

    return dataset
```

代码 1-7 给出了 Spark 中将时间序列转为监督学习数据集的方法。

代码 1-7　自定义模块：时间序列数据转监督学习数据集(Spark)

```
# utils/dataset_spark.py
# 第三方库
from pyspark.sql.window import Window
from pyspark.ml.feature import VectorAssembler
from pyspark.sql.functions import lag
from pyspark.sql.functions import col
```

```


def moving_window(seriesDF, n_in, name_features):
    """将时间序列数据转换为监督学习数据集 Spark

    参数:
        seriesDF (spark dataframe): 时间序列数据.
        n_in (int): 输入变量 X 的滞后数目.
        name_features (list of strings): 输入变量 X 的名称列表.

    返回值:
        [spark Dataframe]: 监督学习数据集
    """

    # 窗口变量
    w = Window().partitionBy().orderBy(col('id'))
    # 全部特征名称
    all_column_names = []

    # 遍历各站点
    for i in range(len(name_features)):
        # 特征名称
        column_names = [f'var{i}(t-{j+1})' for j in range(n_in)]
        all_column_names.extend(column_names)
        # 滑动窗口
        for k in range(n_in):
            seriesDF = seriesDF.withColumn(
                column_names[k], lag(name_features[i], (k+1), 0).over(w))
        seriesDF = seriesDF.withColumnRenamed(name_features[i], f'var{i}')
```

```

    # 组合特征向量
    assembler = VectorAssembler(
        inputCols=all_column_names, outputCol='features')
    seriesDF = assembler.transform(seriesDF)

    return seriesDF
```

1.2.2 数据集划分

为满足数据建模和模型评估的需要，需要对原始获取的数据集进行训练(training)样本集和测试(test)样本集的划分。若模型训练期间需要评估模型泛化性能以对训练参数进行调度优化时，还需要从训练集中再划分出一部分作为验证(validation)样本集。由于时间序列是按照时间次序先后采样得到的，在进行时间序列预测分析时，务必确保各数据集的顺序为：训练集—验证集—测试集。若进行随机样本划分，将导致数据泄露。

由于时间序列的特殊性，若转换为监督学习数据结构再进行后续分析，则有以下两种划分方式：

① 对原始的时间序列，直接按照一定百分比或时间范围进行划分；

② 先对时间序列构造监督学习数据，再按照一定百分比或时间范围对监督学习样本进行划分。

以上两种方式都是可接受的且两者实际上可相互转化，在关于数据集构建的描述中注意表述即可。

数据划分比例的一种选择是给定各部分数据集的百分比，直接对数据进行划分，这种方案无疑是直观简洁的。例如使用 70%、15%、15%的比例依次划分训练集、验证集、测试集。对于可能具有一定周期性的时间序列，可以选择依据其周期进行划分。例如在划分交通流量数据集时，可以截取连续数周的观测作为训练数据，再截取连续数周的观测作为测试数据。

1.2.3 预测任务分类

在时间序列预测任务中存在多种不同角度的分类，表 1-1 ~ 表 1-5 分别给出了以预测间隔、预测跨度、输出类型、预测变量和预测模型为划分准则的时间序列预测分类。

表 1-1　时间序列预测分类——预测间隔

类型	预测间隔
超短期预测	数秒到 0.5 h
短期预测	0.5~6 h
中期预测	6~24 h
长期预测	大于 24 h

一般来说，较短的预测时间范围可以提供更详细和准确的结果，但留给需要根据预测数据做出反应的时间较少。较长的预测时间范围提供了有关未来时序数据的长期信息，但通常准确性相对较差。

表 1-2　时间序列预测分类——预测跨度

类型	预测跨度
单步预测	1
多步预测	>1

当模型仅给出超前 1 个时刻的预测值时被称为单步预测，而当模型能够给出对未来多个时刻的预测时则称为多步预测。

表 1-3　时间序列预测分类——输出类型

类型	输出类型
点预测	具体预测值
区间预测	置信区间

点预测也称确定性预测，可以输出对时间序列的具体预测值。区间预测则考虑时间序列预测的不确定性而输出置信区间。

表 1-4　时间序列预测分类——预测变量

类型	变量个数
单变量预测	1
多变量预测	>1

当模型仅给出对 1 个变量的预测时被称为单变量预测，而当模型能够给出对多个变量的预测时则称为多变量预测。此外，也可按照模型输入变量的数量进行划分。

表 1-5 时间序列预测分类——预测模型

类型	解释
物理模型	利用物理方法模拟时间序列的变化趋势进而实现预测
统计模型	利用数理统计、概率论和随机过程等统计理论预测时间序列
机器学习模型	使用机器学习方法预测时间序列
深度学习模型	使用深度神经网络预测时间序列
混合模型	由不同算法模型构成混合模型解决时间序列预测问题

按照所使用的预测模型的类别，可以划分为基于物理模型、统计模型、机器学习模型、深度学习模型和混合模型的时间序列预测。

1.2.4 预测任务描述

表 1-6 中给出了时间序列预测任务中一些关键变量的定义。

表 1-6 时间序列预测中的关键变量定义

变量	定义
L	时间序列数据长度
H	输入变量历史长度
D	输入变量维度
N	监测点数量
S	超前预测步数
$\boldsymbol{X}_t$	t 时刻输入特征
$\widehat{\boldsymbol{X}}_{t+1}$	t+1 时刻预测结果
$\mathcal{G}$	图
$\mathcal{V}$	图上节点的集合
$\mathcal{E}$	图上边的集合
$\boldsymbol{A}$	邻接矩阵

表 1–6 中的 L 代表原始获取的时间序列数据长度，在本书中特别指代用于建模及分析的那一部分时序数据的长度。实际中获得的时序数据长度通常 $\geqslant L$。此外，在监督学习的框架下，L 并不等于监督学习样本的数量，后者还受到输入变量历史长度 H 和超前预测步数 S 的影响。

典型的时间序列预测任务主要包括单点预测、结构化空间预测和图拓扑空间预测。

1. 单点预测

记 t 时刻的 D 维特征为 $\boldsymbol{X}_t \in \mathbb{R}^D$。给定 D 维观测数据的 H 个历史值，记为 $\boldsymbol{X}=(\boldsymbol{X}_t, \boldsymbol{X}_{t-1}, \cdots, \boldsymbol{X}_{t-H+1}) \in \mathbb{R}^{H\times D}$，预测任务是给出 D 维观测数据的未来 S 个时期内的预测值，记为 $\hat{\boldsymbol{Y}}=(\hat{\boldsymbol{X}}_{t+1}, \hat{\boldsymbol{X}}_{t+2}, \cdots, \hat{\boldsymbol{X}}_{t+S}) \in \mathbb{R}^{S\times D}$。

2. 结构化空间预测

记 t 时刻 N 个节点的 D 维特征为 $\boldsymbol{X}_t \in \mathbb{R}^{N\times D}$。给定 N 个节点 D 维观测数据的 H 个历史值，记为 $\boldsymbol{X}=(\boldsymbol{X}_t, \boldsymbol{X}_{t-1}, \cdots, \boldsymbol{X}_{t-H+1}) \in \mathbb{R}^{H\times N\times D}$，预测任务是给出 N 个节点 D 维观测数据的未来 S 个时期的预测值[1]，记为 $\hat{\boldsymbol{Y}}=(\hat{\boldsymbol{X}}_{t+1}, \hat{\boldsymbol{X}}_{t+2}, \cdots, \hat{\boldsymbol{X}}_{t+S}) \in \mathbb{R}^{S\times N\times D}$。由此可见，单点预测实际上即为结构化空间预测任务中 $N=1$ 时退化得到的预测任务。

3. 图拓扑空间预测

给定图拓扑结构 $\mathcal{G}$ 如式(1–6)所示。

$$\mathcal{G}=(\mathcal{V}, \mathcal{E}, \boldsymbol{A}) \tag{1–6}$$

式中：$\mathcal{V}$ 为节点的集合；$\mathcal{E}$ 为边的集合；$\boldsymbol{A} \in \mathbb{R}^{N\times N}$ 为邻接矩阵，N 为节点数量；元素 A_{ij} 为节点 i 和节点 j 之间的连接关系。

记 t 时刻 N 个节点的 D 维图信号为 $\boldsymbol{X}_t \in \mathbb{R}^{N\times D}$。给定 N 个节点 D 维观测数据的 H 个历史值，记为 $\boldsymbol{X}=(\boldsymbol{X}_t, \boldsymbol{X}_{t-1}, \cdots, \boldsymbol{X}_{t-H+1}) \in \mathbb{R}^{H\times N\times D}$ 和邻接矩阵 $\boldsymbol{A}$，预测任务是给出 N 个节点 D 维观测数据的未来 S 个时期的预测值[2]，记为 $\hat{\boldsymbol{Y}}=(\hat{\boldsymbol{X}}_{t+1}, \hat{\boldsymbol{X}}_{t+2}, \cdots, \hat{\boldsymbol{X}}_{t+S}) \in \mathbb{R}^{S\times N\times D}$。

上述 3 类预测任务的描述为不失通用性而阐述了具体情况，在实际时间序列预测任务中，可针对上述预测任务描述进行简化。由于各类预测模型要求其输入输出具有固定的形状或维度，处理上述各类任务时有时需要对数据进行重新整理。

4. 其他

在一些情况下，可能客观上或主观上无法使用上述策略进行时间序列建模，即无法取连续的历史数据作为输入而取连续的未来数据作为输出进而构建映射模型。输入和输出数据可能是在等间隔采样原始时间序列的前提下，再构建后续样本的。

例如，对于有明显以天为周期且在一天内不同时刻变化明显的时间序列（光伏发电功率、地铁客流和用电量等），需要首先取不同天同一时刻的观测值构造新的序列，随后按照上述滑动窗口方法进行数据集构建。即使用当前时间点前面数天同一时刻的数据作为输入，预测当前时间点后面数天同一时刻的数据。在这种情况下，可以选择为每一时刻单独构建模型，或使用一个模型同时完成不同子序列的预测①。当然，这类数据也可直接使用前述的一般策略进行数据集构造。

1.2.5 预测误差评价

时间序列预测任务的常用误差评价指标主要包括均方误差（mean square error, *MSE*）、均方根误差（root mean square error, *RMSE*）、平均绝对误差（mean absolute error, *MAE*）、平均绝对百分比误差（mean absolute percentage error, *MAPE*）、拟合优度（goodness of fit, R^2）、误差标准差（standard deviation of error, *SDE*）和皮尔逊相关系数（Pearson correlation coefficient, *PCC*）等[3]，如表 1-7 所示。

表 1-7　误差评价指标

指标	名称	定义
MSE	均方误差	$MSE=\frac{1}{n}\sum_{i=1}^{n}(\hat{y}_i-y_i)^2$
RMSE	均方根误差	$RMSE=\sqrt{\frac{1}{n}\sum_{i=1}^{n}(\hat{y}_i-y_i)^2}$
MAE	平均绝对误差	$MAE=\frac{1}{n}\sum_{i=1}^{n}\lvert\hat{y}_i-y_i\rvert$
MAPE	平均绝对百分比误差	$MAPE=\frac{1}{n}\sum_{i=1}^{n}\frac{\lvert\hat{y}_i-y_i\rvert}{y_i}$
R^2	拟合优度	$R^2=1-\frac{\sum_{i=1}^{n}(\hat{y}_i-y_i)^2}{\sum_{i=1}^{n}(\bar{y}-y_i)^2}$

① 实际的操作是非常灵活的，通常会通过尝试各种方法，以从中选择一种性能相对较优的建模策略。

续表1-7

指标	名称	定义
SDE	误差标准差	$SDE = std(\hat{y}_i - y_i)$
PCC	皮尔逊相关系数	$PCC = \frac{\sum_{i=1}^{n}(y_i - \bar{y})(\hat{y}_i - \bar{\hat{y}})}{\sqrt{\sum_{i=1}^{n}(y_i - \bar{y})^2 \times \sum_{i=1}^{n}(\hat{y}_i - \bar{\hat{y}})^2}}$

在表 1-7 中，n 代表样本总数；$\hat{y}_i$ 代表第 i 个预测值；y_i 代表第 i 个观测值；$\bar{\hat{y}}$ 代表预测值的平均值；$\bar{y}$ 代表观测值的平均值；$std(\cdot)$ 代表取其参数的标准差。

由于 *MAPE* 的计算公式中分母位置出现了观测值，因此一旦原始观测值中存在接近于 0 的取值，则计算出的 *MAPE* 数值将会极大，从而失去参考价值。

表 1-7 中给出的各评价指标的函数代码在代码 1-8 中给出。该自定义模块各误差计算函数的输入要求为 numpy 数组类型，包含数个用于误差评价指标计算和输出的函数，其中 *MSE*、*MAE*、*MAPE*、R^2 直接使用 sklearn 提供的函数，*RMSE*、*SDE*、*PCC* 等则依据表 1-7 提供的计算方法自行定义。

代码 1-8　自定义模块：误差指标计算

```
# utils/metrics.py
# 第三方库
import numpy as np
from sklearn.metrics import mean_squared_error as mse
from sklearn.metrics import mean_absolute_error as mae
from sklearn.metrics import mean_absolute_percentage_error as mape
from sklearn.metrics import r2_score as r2
from scipy.stats import pearsonr


def rmse(y_true, y_pred):
    """计算均方根误差 RMSE
```

```

    参数:
        y_true (1d numpy array): 观测值/真值.
        y_pred (1d numpy array): 预测值.

    返回值:
        [float]: 均方根误差 RMSE
    """
    return np.sqrt(mse(y_true, y_pred))


def sde(y_true, y_pred):
    """计算误差标准差 SDE

    参数:
        y_true (1d numpy array): 观测值/真值.
        y_pred (1d numpy array): 预测值.

    返回值:
        [float]: 误差标准差 SDE
    """
    return np.std(y_true - y_pred)


def pcc(y_true, y_pred):
    """计算皮尔逊相关系数 PCC

    参数:
        y_true (1d numpy array): 观测值/真值.
```

```
        y_pred (1d numpy array): 预测值.

    返回值:
        [float]: 皮尔逊相关系数 PCC
    """
    return pearsonr(y_true, y_pred)[0]


def all_metrics(y_true, y_pred, return_metrics=False):
    """返回或打印全部误差评价指标

    参数:
        y_true (1d numpy array): 观测值/真值.
        y_pred (1d numpy array): 预测值.
        return_metrics (bool, optional): 是否返回指标变量. 默认为 False.

    返回值:
        [dict]: 由全部误差评价指标构成的字典
    """

    # 数据压缩
    y_true = y_true.squeeze()
    y_pred = y_pred.squeeze()

    # 模型评价
    metrics = {
        'mse': mse(y_true, y_pred),
        'rmse': rmse(y_true, y_pred),
        'mae': mae(y_true, y_pred),
```

```
        'mape': mape(y_true, y_pred)*100,
        'sde': sde(y_true, y_pred),
        'r2': r2(y_true, y_pred),
        'pcc': pcc(y_true, y_pred)
    }

    # 输出结果
    if return_metrics:
        return metrics
    else:
        print(f"mse={metrics['mse']:.3f}")
        print(f"rmse={metrics['rmse']:.3f}")
        print(f"mae={metrics['mae']:.3f}")
        print(f"mape={metrics['mape']:.3f}%")
        print(f"sde={metrics['sde']:.3f}")
        print(f"r2={metrics['r2']:.3f}")
        print(f"pcc={metrics['pcc']:.3f}")
```

由于 Spark 中使用其特有的 Dataframe 数据类型组织数据，需要为其定义单独的误差指标计算模块，如代码 1-9 所示。Spark MLlib 中的回归评估器仅提供了 *MSE*、*RMSE*、*MAE*、R^2 等 4 类回归评价指标，其余指标的计算在本书中不再给出，读者可依据定义自行编写相应函数。

代码 1-9　自定义模块：误差指标计算(Spark)

```
# utils/metrics_spark.py
# 第三方库
from pyspark.ml.evaluation import RegressionEvaluator


def all_metrics_spark(predictions, return_metrics=False):
```

```
    """返回或打印全部误差评价指标 Spark

    参数:
        predictions (spark dataframe): 包含观测值/真值和预测值的 dataframe.
        return_metrics (bool, optional): 是否返回指标变量. 默认为 False.

    返回值:
        [dict]: 由全部误差评价指标构成的字典
    """

    # 构建回归评价器
    evaluator = RegressionEvaluator(
        predictionCol="prediction", labelCol="label")

    # 模型评价
    mse = evaluator.evaluate(predictions, {evaluator.metricName: "mse"})
    rmse = evaluator.evaluate(predictions, {evaluator.metricName: "rmse"})
    mae = evaluator.evaluate(predictions, {evaluator.metricName: "mae"})
    r2 = evaluator.evaluate(predictions, {evaluator.metricName: "r2"})
    metrics = {
        'mse': mse,
        'rmse': rmse,
        'mae': mae,
        'r2': r2,
    }

    # 输出结果
    if return_metrics:
        return metrics
    else:
        print(f"mse={metrics['mse']:.3f}")
        print(f"rmse={metrics['rmse']:.3f}")
```

```
        print(f"mae={metrics['mae']:.3f}")
        print(f"r2={metrics['r2']:.3f}")
```

在本书中，从现实中获取的原始时间序列数据被称为“观测值”(由于数据是对未知的各类真实系统状态的采样和观测)，有时也称其为“真值”(符合机器学习和深度学习任务中对样本特征和标签的一般定义)。

1.2.6 预测可视化

在时间序列预测任务中，为了对原始数据和模型性能进行可视化，通常会选择绘制时间序列数据划分曲线图、原始序列和季节性分量图、模型训练验证损失图、预测结果曲线图、预测结果 Parity Plot 散点图。当模型支持空间预测时，可绘制节点误差分布图。

时间序列数据划分曲线图用于直观展示时间序列数据整体趋势和波动情况，同时给出其训练测试集划分；原始序列和季节性分量图用于观察序列趋势项、季节项和残差项；模型训练验证损失图用于观察模型训练过程是否收敛、收敛速度和收敛稳定性，并能提供关于模型过拟合和欠拟合的信息；预测结果曲线图用于直观展示预测模型在测试集上的表现，即泛化能力；预测结果 Parity Plot 散点图用于比较模型性能和理想模型性能(即模型能够准确预测每一个样本的理想情况)的差异，此外还可用于识别数据中的特定模式，如系统偏差、预测值的过高或过低等；节点误差分布图用于展示模型在各节点的预测误差的分布情况。

用于绘制这些图像的函数在代码 1-10 中给出①。该模块提供了全局绘图参数配置函数和 6 个具体绘图函数，分别为：

① set_matplotlib()：配置 matplotlib 全局绘图参数；

② plot_dataset()：绘制时间序列数据划分曲线图；

③ plot_decomposition()：绘制原始序列和季节性分量图；

④ plot_losses()：绘制模型训练验证损失图；

⑤ plot_results()：绘制预测结果曲线图；

⑥ plot_parity()：绘制预测结果 Parity Plot 散点图；

⑦ plot_metrics_distribution()：绘制节点误差分布图。

---

① 为增强图片在印刷时的辨识度和规范程度，实际印刷时展示的图片可能同绘图代码直接生成的图片在细节上存在不一致。

代码 1-10　自定义模块：数据可视化

```
# utils/plot.py
# 标准库
import platform

# 第三方库
import numpy as np
import matplotlib.pyplot as plt

# 自定义模块
from .metrics import all_metrics


def set_matplotlib(plot_dpi=80, save_dpi=600, font_size=12):
    """配置 matplotlib 全局绘图参数

    参数:
        plot_dpi (int, optional): 绘图 dpi. 默认为 80.
        save_dpi (int, optional): 保存图像 dpi. 默认为 600.
        font_size (int, optional): 字号. 默认为 12.
    """
    # 中文字体设置
    sys = platform.system()
    if sys == 'Linux':
        plt.rcParams['font.sans-serif'] = ['WenQuanYi Micro Hei']
    elif sys == 'Windows':
        plt.rcParams['font.sans-serif'] = ['SimHei']
    elif sys == 'Darwin':
        plt.rcParams['font.sans-serif'] = ['Arial Unicode MS']
```

```
    else:
        print('中文字体设置失败')

    plt.rcParams['axes.unicode_minus'] = False
    plt.rcParams['font.size'] = font_size

    # 图像分辨率设置
    plt.rcParams['figure.dpi'] = plot_dpi
    plt.rcParams['savefig.dpi'] = save_dpi


def plot_dataset(
        train, test, size=(6, 3.5), xlabel='', ylabel='', fig_name=''):
    """绘制时间序列数据集及其训练验证划分图像

    参数:
        train (1d numpy array): 用于构成训练集的序列.
        test (1d numpy array): 用于构成测试集的序列.
        size (tuple, optional): 图像尺寸. 默认为 (6, 3.5).
        xlabel (str, optional): x 轴标签. 默认为 ''.
        ylabel (str, optional): y 轴标签. 默认为 ''.
        fig_name (str, optional): 图像名. 默认为 ''.
    """
    # 横轴范围计算
    x_train = np.linspace(1, len(train), len(train))
    x_test = np.linspace(len(train), len(train)+len(test), len(test)+1)

    # 绘图
    plt.figure(figsize=size)
```

```
    plt.plot(x_train, train, label='训练集')
    plt.plot(x_test, np.append(train[-1], test), label='测试集')

    plt.legend()
    plt.xlabel(xlabel)
    plt.ylabel(ylabel)
    plt.tight_layout()
    plt.savefig(f'./fig/{fig_name}.jpg', bbox_inches='tight')
    plt.show()


def plot_decomposition(
        series, decomposition, size=(6, 7),
        xlabel='', ylabel='', fig_name=''):
    """绘制原始序列及其季节性分量

    参数:
        series (1d numpy array): 原始序列/被分解的序列.
        decomposition (DecomposeResult): 分解结果对象.
        size (tuple, optional): 图像尺寸. 默认为 (6, 7).
        xlabel (str, optional): x 轴标签. 默认为 ''.
        ylabel (str, optional): y 轴标签. 默认为 ''.
        fig_name (str, optional): 图像名. 默认为 ''.
    """
    # 绘图
    plt.figure(figsize=size)

    # 原始数据
    plt.subplot(411)
```

```
plt.plot(series, label='原始数据')
plt.legend(loc='upper left')
plt.xlabel(xlabel)
plt.ylabel(ylabel)

# 趋势项
plt.subplot(412)
plt.plot(decomposition.trend, color='r', label='趋势项')
plt.legend(loc='upper left')
plt.xlabel(xlabel)
plt.ylabel(ylabel)

# 季节项
plt.subplot(413)
plt.plot(decomposition.seasonal, color='g', label='季节项')
plt.legend(loc='upper left')
plt.xlabel(xlabel)
plt.ylabel(ylabel)

# 残差
plt.subplot(414)
plt.plot(decomposition.resid, color='b', label='残差项')
plt.legend(loc='upper left')
plt.xlabel(xlabel)
plt.ylabel(ylabel)

plt.tight_layout()
plt.savefig(f'./fig/{fig_name}.jpg', bbox_inches='tight')
plt.show()
```

```


def plot_losses(
        train_loss, val_loss=None, size=(6, 3.5),
        xlabel='', ylabel='', fig_name=''):
    """绘制模型训练损失和验证损失图像

    参数:
        train_loss (1d numpy array): 模型训练损失.
        val_loss (1d numpy array, optional): 模型测试损失. 默认为 None.
        size (tuple, optional): 图像尺寸. 默认为 (6, 3.5).
        xlabel (str, optional): x 轴标签. 默认为空字符串 ''.
        ylabel (str, optional): y 轴标签. 默认为空字符串 ''.
        fig_name (str, optional): 图像名. 默认为空字符串 ''.
    """
    plt.figure(figsize=size)
    plt.plot(train_loss, label='训练损失')
    if val_loss:
        plt.plot(val_loss, label='验证损失')

    plt.legend()
    plt.xlabel(xlabel)
    plt.ylabel(ylabel)
    plt.tight_layout()
    plt.savefig(f'./fig/{fig_name}.jpg', bbox_inches='tight')
    plt.show()


def plot_results(
```

```
        y_true, y_pred, size=(6, 3.5), xlabel='', ylabel='', fig_name=''):
    """绘制预测结果曲线图像

    参数:
        y_true (1d numpy array): 观测值/真值.
        y_pred (1d numpy array): 预测值.
        size (tuple, optional): 图像尺寸. 默认为 (6, 3.5).
        xlabel (str, optional): x 轴标签. 默认为空字符串 ''.
        ylabel (str, optional): y 轴标签. 默认为空字符串 ''.
        fig_name (str, optional): 图像名. 默认为空字符串 ''.
    """
    plt.figure(figsize=size)
    plt.plot(y_true.squeeze(), label='观测值')
    plt.plot(y_pred.squeeze(), label='预测值')

    plt.legend()
    plt.xlabel(xlabel)
    plt.ylabel(ylabel)
    plt.tight_layout()
    plt.savefig(f'./fig/{fig_name}.jpg', bbox_inches='tight')
    plt.show()


def plot_parity(
        y_true, y_pred, size=(6, 3.5), xlabel='', ylabel='', fig_name=''):
    """绘制预测结果 Parity Plot 图像

    参数:
        y_true (1d numpy array): 观测值/真值.
```

```
        y_pred (1d numpy array): 预测值.
        size (tuple, optional): 图像尺寸. 默认为 (6, 3.5).
        xlabel (str, optional): x 轴标签. 默认为空字符串 ''.
        ylabel (str, optional): y 轴标签. 默认为空字符串 ''.
        fig_name (str, optional): 图像名. 默认为空字符串 ''.
    """
    x = y_true
    y = y_pred

    # 图像边界计算
    bounds = (
        min(x.min(), x.min()) - int(0.1 *x.min()),
        max(x.max(), x.max()) + int(0.1 *x.max())
    )

    # 绘图
    plt.figure(figsize=size)
    ax = plt.gca()
    ax.plot(x, y, '.', label='观测-预测')
    ax.plot([0, 1], [0, 1], lw=2, alpha=1.0,
            transform=ax.transAxes, label='$y=x$')

    ax.set_xlim(bounds)
    ax.set_ylim(bounds)
    ax.set_aspect('equal', adjustable='box')
    ax.legend()
    plt.xlabel(xlabel)
    plt.ylabel(ylabel)
    plt.tight_layout()
```

```
    plt.savefig(f'./fig/{fig_name}.jpg', bbox_inches='tight')
    plt.show()


def plot_metrics_distribution(
        y_true, y_pred, size=(10, 3), xlabel='', ylabel='', fig_name=''):
    """绘制各节点预测误差分布图像

    参数:
        y_true (2d numpy array): 观测值/真值.
        y_pred (2d numpy array): 预测值.
        size (tuple, optional): 图像尺寸. 默认为 (6, 3.5).
        xlabel (str, optional): x 轴标签. 默认为空字符串 ''.
        ylabel (str, optional): y 轴标签. 默认为空字符串 ''.
        fig_name (str, optional): 图像名. 默认为空字符串 ''.
    """
    all_rmse = []
    all_mae = []
    all_sde = []

    # 各节点预测结果误差指标计算
    N = y_true.shape[1]
    for idx_node in range(N):
        metric_value = all_metrics(
            y_true[:, idx_node],
            y_pred[:, idx_node],
            return_metrics=True)
        all_rmse.append(metric_value['rmse'])
        all_mae.append(metric_value['mae'])
```

```
            all_sde.append(metric_value['sde'])

        # 绘图
        plt.figure(figsize=size)
        plt.bar(
            x=np.arange(N),
            height=y_true.mean(axis=0).squeeze(),
            color='lightgray',
            label='Mean')
        plt.plot(all_rmse, 'v--', label='RMSE')
        plt.plot(all_mae,  's--', label='MAE')
        plt.plot(all_sde,  'd--', label='SDE')

        plt.legend()
        plt.xlabel(xlabel)
        plt.ylabel(ylabel)
        plt.tight_layout()
        plt.savefig(f'./fig/{fig_name}.jpg', bbox_inches='tight')
        plt.show()
```

1.3 时间序列预测常用框架

本书中第 2 章的统计学习模型使用 statsmodels 和 pmdarima 框架实现；第 3 章的机器学习模型使用 sklearn 和 Spark MLlib 实现；第 4 章的深度学习模型使用 TensorFlow(Keras)和 PyTorch 实现。

1.3.1 统计方法框架

1. statsmodels

statsmodels 是一个强大的 Python 统计分析库，包含假设检验、回归分析和时间序列分析等功能[4]。该框架提供的常用时间序列模型库中包含大量时间序列模型，包括时间序列统计和检验、单变量时间序列分析、指数平滑、多变量时间序列分析、滤波和序列分解、马尔可夫区制转换、时间序列预测模型以及时间序列的工具函数等。

2. pmdarima

pmdarima 是用于时间序列数据统计分析的 Python 库[5]。它基于 ARIMA 模型并且提供了各种分析、预测和可视化时间序列数据的工具。作为 ARIMA 模型的包装器，pmdarima 实现了自动超参数搜索，可以自动实现 ARIMA 模型优化。

1.3.2 机器学习模型框架

1. scikit-learn

scikit-learn 简称 sklearn，是基于 numpy、scipy 和 matplotlib 等的开源 Python 机器学习库[6]。它封装了一系列数据预处理、机器学习算法和模型选择算法等工具。sklearn 作为通用机器学习建模的工具库，集成了丰富的机器学习算法和评价指标以解决多种机器学习任务，如分类、回归和聚类等。

2. Spark MLlib

Apache Spark 是用于大规模数据处理的分析引擎和集群计算系统[7]，具有高效、易用、通用和兼容等特性。Spark 主要包括用于处理结构化数据的 Spark SQL、用于处理流式数据的 Spark Streaming、用于机器学习的 Spark MLlib，以及用于图计算的 GraphX。Spark MLlib 是 Apache Spark 内置的机器学习库，可以实现基于大数据的机器学习，使得机器学习在全量数据上的学习成为可能。Spark MLlib 包含很多机器学习算法和工具，涉及的领域包括特征工程、分类、回归和聚类等。

1.3.3 深度学习模型框架

1. TensorFlow

TensorFlow 是由 Google 发布的人工智能系统开源软件库[8]。TensorFlow 中 Tensor(张量)表示数据结构，Flow(流)表示计算模型，即张量之间通过计算而转换的过程。TensorFlow 是一个提供计算图的形式表述计算的编程系统，每一个计算都是计算图上的一个节点，节点之间的边描述计算之间的关系。这种框架使得 TensorFlow 具有很强的灵活性，可以将其部署到多种平台和设备。

2. PyTorch

PyTorch 是由 Meta AI(Facebook)开源的能够加速研究原型至生产部署流程的端到端机器学习框架[9]。PyTorch 具备由 GPU 加速的强大张量计算能力，其构建的深度神经网络(deep neural network，DNN)为基于自动梯度机制的动态神经网络。

1.4 常用优化技术

在训练预测模型之前，首先需要确定模型的各超参数(hyper-parameters)取值[10]。由于超参数的选择通常是主观的，因此有必要对其进行优化。常用的超参数优化方法包括网格搜索和随机搜索。搜索过程中需要对某个超参数对应的模型进行评估，而由于部分模型随机初始化存在的差异，相同超参数组合对应的训练完毕的模型表现也是有差异的。为此，需要引入交叉验证方法对模型性能进行综合评估，以缓解随机因素导致的性能不稳定。

1.4.1 交叉验证

交叉验证(cross validation，CV)是一种常见的模型评估方法[11]。当交叉验证方法和超参数搜索方法结合时，该方法将原始的训练样本进一步划分为训练集和验证集。其中，训练集用于训练模型，验证集则用来评价该模型精度。该评价结果将用于对各候选模型(具有不同超参数的模型)的优劣比较。

1.4.2 网格搜索

网格搜索(grid search)通过给定超参数网格进而确定模型最优的超参数。网格搜索针对超参数组合列表中的每一个组合，实例化给定的模型，做多次交叉验证，将平均得分最高的模型对应的超参数组合作为最优超参数[12]。

1.4.3 随机搜索

当超参数个数比较多时，使用网格搜索会导致计算代价呈指数级增长，采用随机搜索(randomized search)可以更快地搜索到优质的超参数[13]。相比于网格搜索，随机搜索不需要离散化超参数的值，这可以使得算法在更大的集合上搜索而不产生额外的计算代价。

第 2 章

统计方法时间序列分析

本章对经典的时间序列分析模型在时间序列预测任务中的应用进行了介绍，主要包括自回归(autoregressive，AR)模型，滑动平均(moving average，MA)模型、自回归滑动平均(autoregressive moving average，ARMA)模型、差分整合自回归滑动平均(autoregressive integrated moving average，ARIMA)模型和季节性差分整合自回归滑动平均(seasonal autoregressive integrated moving average，SARIMA)模型，如图 2-1 所示。

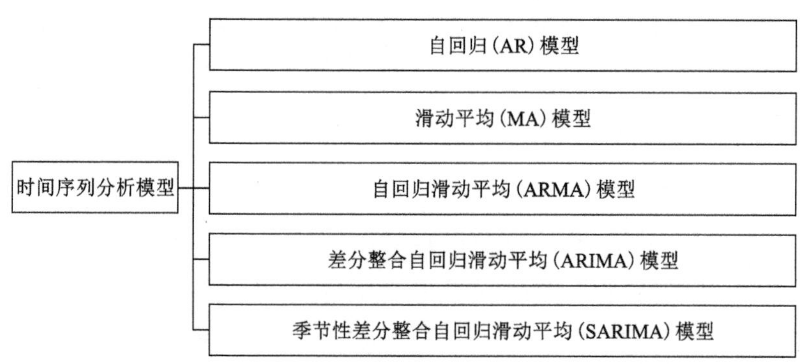

图 2-1　时间序列分析模型

这些模型能够有效对时间序列模型进行建模和描述，在时间序列分析和预测任务中具有显著优势。

2.1 时间序列分析

2.1.1 时间序列分析模型

1. 自回归(AR)模型

p 阶自回归模型记作 AR(p)，如式(2-1)所示[14]。

$$X_t = \sum_{i=1}^{p} \varphi_i X_{t-i} + \varepsilon_t \tag{2-1}$$

式中：X_t 为 t 时刻被观测变量的取值；p 为 AR 模型的滞后阶数；φ_i 为各历史时期对应的系数；ε_t 为 t 时刻的白噪声。

2. 滑动平均(MA)模型

q 阶自回归模型记作 MA(q)，如式(2-2)所示[14]。

$$X_t = \mu + \varepsilon_t + \sum_{i=1}^{q} \theta_i \varepsilon_{t-i} \tag{2-2}$$

式中：X_t 为 t 时刻被观测变量的取值；μ 为序列的均值；q 为 MA 模型的滞后阶数；θ_i 为各历史时期对应的系数；ε_t 为 t 时刻的白噪声。

3. 自回归滑动平均(ARMA)模型

自回归滑动平均模型记为 ARMA(p, q)，如式(2-3)所示[15]。

$$X_t = \varepsilon_t + \sum_{i=1}^{p} \varphi_i X_{t-i} + \sum_{i=1}^{q} \theta_i \varepsilon_{t-i} \tag{2-3}$$

式中：X_t 为 t 时刻被观测变量的取值；p 和 q 分别为 AR 项和 MA 项对应的滞后阶数；φ_i 和 θ_i 分别为各历史时期对应的 AR 项系数和 MA 项系数；ε_t 为 t 时刻的白噪声。

4. 差分整合自回归滑动平均(ARIMA)模型

差分整合自回归滑动平均模型记为 ARIMA(p, d, q)，其中 d 为平稳原始时间序列需要的差分次数，p 和 q 分别为 AR 项和 MA 项对应的滞后阶数[16]。ARIMA 模型是在时间序列上首先进行差分处理以使其平稳，然后在平稳的时间序列上应用 ARMA 模型。

5. 季节性差分整合自回归滑动平均(SARIMA)模型

ARIMA 模型也可用于对具有季节性的数据进行建模，即 SARIMA 模型[17]。通过向 ARIMA 模型添加额外的季节项即可构成 SARIMA 模型，如式(2-4)所示。

$$\text{ARIMA}(p, d, q)(P, D, Q)_m \tag{2-4}$$

式中：(p, d, q)为模型的非季节性部分；$(P, D, Q)_m$ 为模型的季节性部分；m 为季节性参数。

2.1.2 时间序列分析流程

1. 基本流程

(1)平稳性检验

时间序列平稳性检验可以使用增广迪基-富勒(augmented Dickey-Fuller, ADF)方法。ADF 又被称为单位根检验，其原假设 H_0 为存在单位根，即数据不平稳；其备择假设 H_1 为不存在单位根，即数据平稳。使用的检验方法一般是 p-值检验，当 p 小于 10%、5%、2.5%、1%时，可拒绝原假设，认为数据平稳；否则，不能拒绝原假设，认为数据不平稳。若数据不平稳，通常需要对序列进行差分，直至达到平稳，再进行后续分析。

(2)模型参数确定

利用自相关函数(autocorrelation function, *ACF*)与偏自相关函数(partial autocorrelation function, *PACF*)的图像可以确定模型阶次。

序列 X_t 的自相关函数如式(2-5)所示。

$$ACF(X_t, X_{t-k}) = \mathrm{corr}(X_t, X_{t-k}) \tag{2-5}$$

式中：k 为滞后阶次；X_{t-k} 为 X_t 的 k 阶滞后序列；corr(·)代表计算其参数的相关系数。在实际计算时，需要对 X_t 和 X_{t-k} 进行截取以保证其长度一致。

序列 X_t 的偏自相关函数如式(2-6)所示。

$$PACF(X_t, X_{t-k}) = \begin{cases} \mathrm{corr}(X_t, X_{t-k}) & k=1 \\ \mathrm{corr}(X_t-\hat{\boldsymbol{X}}_t, X_{t-k}-\hat{\boldsymbol{X}}_{t-k}) & k \geqslant 2 \end{cases} \tag{2-6}$$

式中：k 为滞后阶次；X_{t-k} 为 X_t 的 k 阶滞后序列；$\hat{\boldsymbol{X}}_t$ 为$\{X_{t-1}, X_{t-2}, \cdots, X_{t-(k-1)}\}$对 X_t 的预测值；$\hat{\boldsymbol{X}}_{t-k}$ 为$\{X_{t-1}, X_{t-2}, \cdots, X_{t-(k-1)}\}$对 X_{t-k} 的预测值；corr(·)代表计算其参数的相关系数。*PACF* 的计算复杂,通常需要通过线性回归模型来进行。

利用 *ACF* 和 *PACF* 公式可计算得到各滞后阶次对应的取值，进而可绘制 *ACF* 及 *PACF* 图像(以阶次 k 为横坐标)。通过判断图像特征可初步确定模型参数，判断依据如表 2-1 所示。

表 2-1 时间序列模型的图像定阶

	AR(p)	MA(q)	ARMA(p, q)
ACF	拖尾	q 阶截尾	拖尾
PACF	p 阶截尾	拖尾	拖尾

(3)模型预测

利用定阶结果初始化 ARIMA 模型，并利用训练数据训练 ARIMA 模型，最后使用 ARIMA 模型执行预测。

(4)误差评估

利用回归误差评价指标对模型预测结果进行评估。

2. 自动定阶方法

由于基本流程中涉及主观确定模型阶次的过程，极易导致参数估计错误，为此，可以通过遍历搜索超参数组合，并最优化某个准则或指标以获得最优的参数组合。由于需要遍历较多的参数组合，自动定阶方法对算力的需求较高，且其耗时相对较多。以下给出两种常用的评估准则：

赤池信息准则(Akaike information criterion，*AIC*)是一种用于模型选择的指标。*AIC* 同时考虑拟合优度和对模型参数的惩罚项，其取值越小证明被评估的模型越好[18]。*AIC* 的计算如式(2-7)所示。

$$AIC=2k-2\ln(\hat{L}) \tag{2-7}$$

式中：k 为模型估计的参数的数量；$\hat{L}$ 为模型似然函数的最大值。

贝叶斯信息准则(Bayesian information criterion，*BIC*)是用于在有限候选模型中进行模型选择的一个指标。*BIC* 和 *AIC* 均通过引入对模型参数数量的惩罚项，而防止过多模型参数可能导致的过拟合。具有更小 *BIC* 取值的模型被认为是更优的。*BIC* 的计算如式(2-8)所示。

$$BIC=k\ln(n)-2\ln(\hat{L}) \tag{2-8}$$

式中：k 为模型估计的参数的数量；n 为样本数量；$\hat{L}$ 为模型似然函数的最大值。

实际中也可以选择 *RMSE* 等回归误差评价指标作为评估模型或超参数组合优劣的准则。

2.2　ARIMA 模型预测实例

2.2.1　实例：Grid-SARIMA 客流预测

本案例中将利用 SARIMA 模型对客流数据进行建模和预测。为获得最优的超参数组合，本案例使用自定义的网格搜索策略对较难确定的模型参数进行了优化。优化过程结束时将返回最优参数组合对应的最优模型，使用该模型完成后续预测和评估。

1. 数据集

该数据集收集自 1949 年至 1960 年，记录了国际航空公司每月乘客的总数，如图 2-2 所示。在该数据集中，前 120 个样本被划分作为训练集，其余 24 个样本则作为测试集。

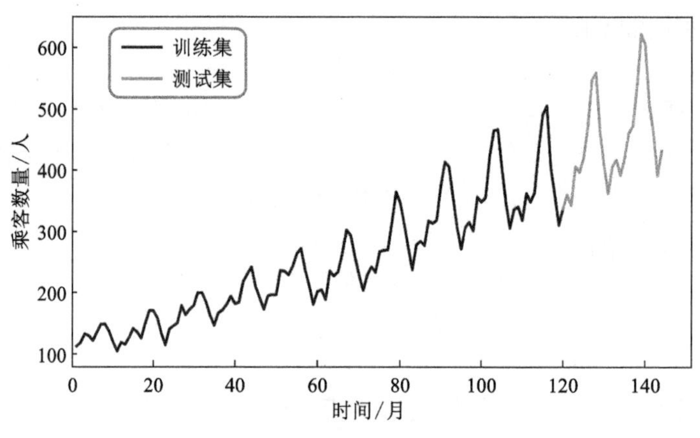

图 2-2　乘客数量数据及其划分

该序列的统计量如表 2-2 所示。

表 2-2　乘客数量数据统计量

序列长度	最大值/人	最小值/人	均值/人	标准差/人	偏度	峰度
144	622	104	280.30	119.97	0.58	-0.36

2. 案例代码

代码 2-1 中给出了使用网格方法搜索最优 SARIMA 超参数组合的代码实例。1～20 行导入各类 Python 库及模块；22～23 行设置忽略警告；25～29 行设置全局绘图参数；31～35 行读取原始序列数据并做统计分析；37～41 行进行训练集测试集划分，注意在 SARIMA 模型中直接使用一维原始序列数据即可，无须进行监督学习样本构建；43～50 行绘制训练和测试数据曲线；52～56 行使用加法模型对训练数据进行季节性分解得到各类分量；58～65 行绘制原始序列和由季节性分析得到的趋势项、季节项和残差项；67～91 行对原始序列进行差分，直至差分序列平稳；93～95 行去除序列季节性；97～107 行对差分得到的平稳序列进行白噪声检验；109～115 行对差分得到的序列进行可视化；117～

136 行利用 Python 标准库 itertools 提供的 product 方法构建待搜索的超参数网格，以给定不同的超参数组合；138～142 行初始化搜索结果列表和最优 *BIC* 值；144～170 行对各超参数组合进行遍历，依次构建模型并依据 *BIC* 值进行寻优；172～188 行对搜索结果进行重构和排序，并提取最优超参数组合；190～191 行使用最优模型进行预测，注意此处仅需要提供超前预测的步长（即测试集长度），SARIMA 模型即可直接完成全部预测；193～194 行对 SARIMA 模型预测结果和测试集真值进行误差分析并计算误差指标；196～204 行绘制训练集、测试集和预测结果；206～212 行绘制预测结果的 Parity Plot 图。

代码 2-1　Grid-SARIMA 客流预测

```
1. # ch2/ch2_1_grid_sarma/grid_sarima.ipynb
2. # 标准库
3. import sys
4. import warnings
5. from itertools import product
6.
7. # 第三方模块
8. import pandas as pd
9. import matplotlib.pyplot as plt
10. from statsmodels.tsa.stattools import adfuller
11. from statsmodels.tsa.seasonal import seasonal_decompose
12. from statsmodels.stats.diagnostic import acorr_ljungbox
13. from statsmodels.tsa.statespace.sarimax import SARIMAX
14. from tqdm import tqdm
15.
16. # 自定义模块
17. sys.path.append('./../../')
18. import utils.dataset as udataset
19. import utils.metrics as umetrics
20. import utils.plot as uplot
```

```

# 忽略模型拟合警告
warnings.filterwarnings('ignore')

# 绘图参数
name_model = 'GRID_SARIMA'
name_var = '乘客数量'
name_unit = '人'
uplot.set_matplotlib(plot_dpi=80, save_dpi=600, font_size=12)

# 数据读取
data = pd.read_csv('./data/data_passengers.csv', parse_dates=['Month'])
data = data.set_index('Month')
udataset.stats(data.values)
print(f'{data.shape=}')

# 训练测试划分
num_train = 120
train = data.iloc[:num_train]
test = data.iloc[num_train:]
print(f'{train.shape=}, {test.shape=}')

# 可视化
uplot.plot_dataset(
    train.values,
    test.values,
    xlabel='时间/月',
    ylabel=f'{name_var}/{name_unit}',
    fig_name=f'原始序列_{name_model}'
```

```
)

# 季节性分解
decomposition = seasonal_decompose(
    train,  # 时间序列
    model='addictive',  # 季节分量类型
)

# 季节性分解可视化
uplot.plot_decomposition(
    series=train,
    decomposition=decomposition,
    xlabel='年份',
    ylabel=f'{name_var}/{name_unit}',
    fig_name=f'季节分解_{name_model}'
)

# 序列预处理
train_diff = train.copy(deep=True)

# 最大差分次数
max_d = 3

# 平稳性检验, 不通过则差分
for d in range(0, max_d):

    # 平稳性检验/ADF 检验
    # H0 原假设: 存在单位根,序列不平稳
    # H1 备选假设: 不存在单位根,序列平稳
```

```
    adftest = adfuller(train_diff)
    pvalue = adftest[1]
    if pvalue < 0.05:
        print(f'差分次数{d=}: 拒绝原假设 H0, 序列没有单位根, 序列平稳')
        order_diff = d
        break
    else:
        print(f'差分次数{d=}: 接受原假设 H0, 序列有单位根, 序列不平稳, 需要差分')
        # 差分序列
        train_diff = train_diff.diff(periods=1)
        train_diff.dropna(inplace=True)

print(f'平稳差分次数{order_diff=}')

# 去除季节性
train_diff = train_diff.diff(12)
train_diff.dropna(inplace=True)

# 差分序列白噪声检验/ljungbox 检验
# H0 原假设: 序列为白噪声
# H1 备选假设: 序列为非白噪声
ljungboxtest = acorr_ljungbox(train_diff, lags=[6, 12, 18], return_df=True)
pvalues = ljungboxtest['lb_pvalue'].values
for pvalue in pvalues:
    if pvalue < 0.05:
        print('拒绝原假设 H0, 序列为非白噪声')
    else:
        print('接受原假设 H0, 序列为白噪声, 终止分析')
```

```
            break

# 差分序列可视化
plt.plot(train_diff, label='差分序列')
plt.legend(loc='upper left')
plt.xlabel('年份')
plt.ylabel(f'{name_var}/{name_unit}')
plt.savefig(f'./fig/差分序列_{name_model}.jpg', bbox_inches='tight')
plt.show()

# 使用 BIC 准则搜索最优参数组合

# 搜索上限
max_value = 3

# ARIMA 参数
p = range(max_value)
d = order_diff
q = range(max_value)

# 季节项参数
P = range(max_value)
D = 1
Q = range(max_value)
S = 12

# SARIMA 参数网格构建
param_grid = product(p, q, P, Q)
param_grid = list(param_grid)
```

```
print(f'待搜索参数数量:{len(param_grid)=}')

# 全部搜索结果
results = [ ]

# 最优 BIC 值
best_bic = float('inf')

# 遍历搜索
for param in tqdm(param_grid):

    # 参数获取
    p, q, P, Q = param

    # 以当前参数组合拟合 SARIMA 模型
    try:
        model = SARIMAX(
            train,
            order=(p, d, q),
            seasonal_order=(P, D, Q, S)
        ).fit(disp=-1)
    except Exception:
        continue

    # 模型 BIC 值
    bic = model.bic

    # 寻找最优的参数
    if bic < best_bic:
```

```
            best_bic = bic
            best_model = model
            best_param = param

    # 追加本次搜索结果
    results.append([param, bic])

# 重构搜索结果
results = pd.DataFrame(
    results,
    columns=['parameters', 'bic']
)

# 搜索结果排序
results = results.sort_values(
    by='bic',
    ascending=True
).reset_index(drop=True)

# 获取最优超参数
p, q, P, Q = best_param

# 参数搜索
print(f'最优参数:{p=}, {d=}, {q=}, {P=}, {D=}, {Q=}, {S=}, 最优 BIC:{best_bic:.2f}')

# 最优模型执行预测
pred = best_model.forecast(test.shape[0])

```

```
# 误差评价
umetrics.all_metrics(test.values, pred.values)

# 可视化
plt.plot(train, label='训练集')
plt.plot(test, label='测试集')
plt.plot(pred, label='预测')
plt.legend(loc='upper left')
plt.xlabel('年份')
plt.ylabel(f'{name_var}/{name_unit}')
plt.savefig(f'./fig/预测结果_{name_model}.jpg', bbox_inches='tight')
plt.show()

uplot.plot_parity(
    y_true=test.values,
    y_pred=pred.values,
    xlabel=f'观测值/{name_unit}',
    ylabel=f'预测值/{name_unit}',
    fig_name=f'{name_model}_Parity'
)
```

3. 结果分析

本案例预测代码的执行结果在输出 2-1 中给出。第一部分输出了关于数据集形状维度的信息。第二部分对训练数据进行了平稳性检验并通过差分使其平稳，随后对差分后的平稳序列进行了白噪声检测。该序列为非白噪声序列，具有分析价值。第三部分输出了需要遍历搜索的超参数组合的数量。第四部分为搜索过程和最终搜索结果，并对搜索出的最优模型进行了测试，给出了其测试误差。

输出 2-1　Grid-SARIMA 客流预测

```
# ch2/ch2_1_grid_sarma/grid_sarima.ipynb (执行输出)
data.shape=(144, 1)
train.shape=(120, 1), test.shape=(24, 1)

差分次数 d=0：接受原假设 H0, 序列有单位根, 序列不平稳, 需要差分
差分次数 d=1：接受原假设 H0, 序列有单位根, 序列不平稳, 需要差分
差分次数 d=2：拒绝原假设 H0, 序列没有单位根, 序列平稳
平稳差分次数 order_diff=2
拒绝原假设 H0, 序列为非白噪声
拒绝原假设 H0, 序列为非白噪声
拒绝原假设 H0, 序列为非白噪声

待搜索参数数量：len(param_grid)=81

100% |████| 81/81 [00：38<00：00,    2.11it/s]
最优参数：p=1, d=2, q=1, P=0, D=1, Q=0, S=12,
最优 BIC：811.89
mse=5576.015
rmse=74.673
mae=68.950
mape=15.009%
sde=28.670
r2=0.000
pcc=0.929
```

图 2-3～图 2-6 分别为本案例中的季节性分解图、差分平稳序列曲线图、预测结果曲线图和预测结果 Parity Plot 图。

可以看出，在不使用滑动窗口机制的条件下，使用训练集训练得到的 ARIMA 模型能够直接预测足够长的步长且具有足够的精度。当然，在实际应用中也可考虑使用滑动窗口机制，迭代地持续训练 ARIMA 模型。在这种方式下，每当获得一个最新的观测值，都将其加入已有训练数据，随后在新的训练数据上训练得到新的 ARIMA 模型并做预测。

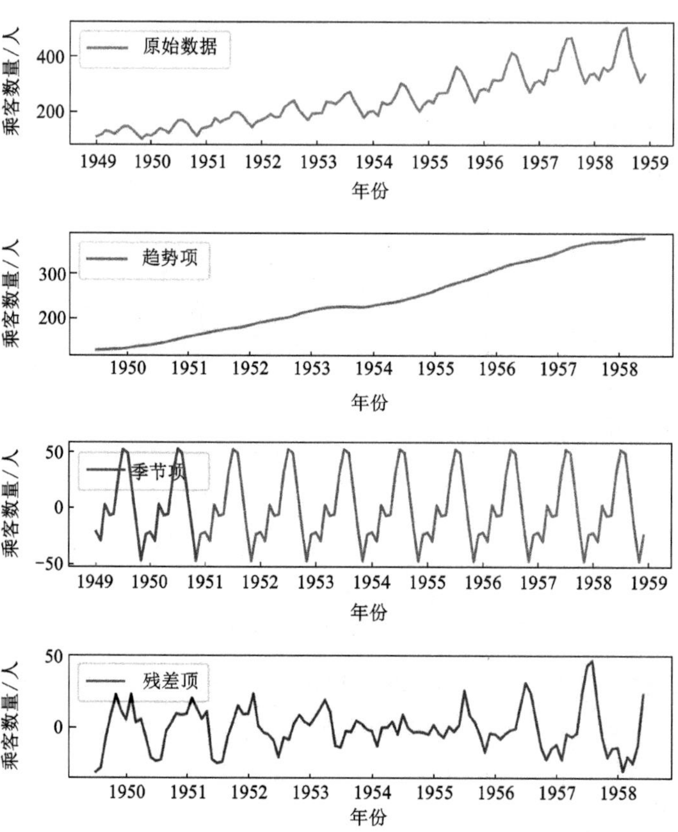

图 2-3　季节性分解图：Grid-SARIMA

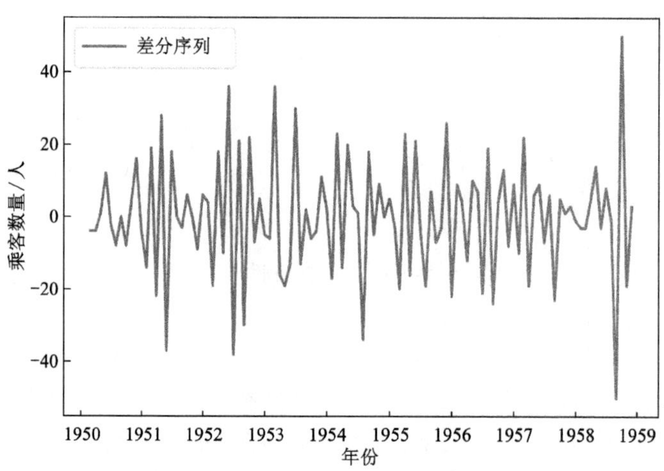

图 2-4　差分平稳序列曲线图：Grid-SARIMA

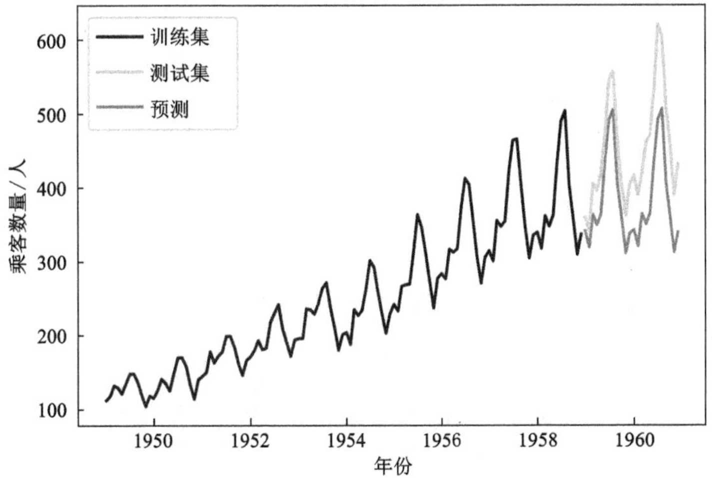

图 2-5　预测结果曲线图：Grid-SARIMA

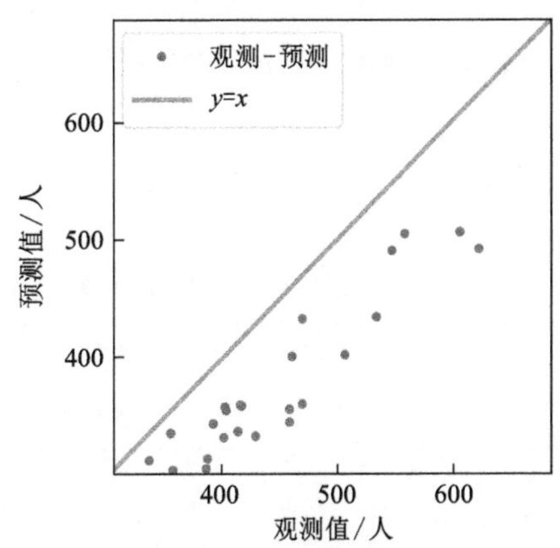

图 2-6　预测结果 Parity Plot 图：Grid-SARIMA

2.2.2　实例：Auto-SARIMA 销量预测

本案例中使用 SARIMA 模型对销量数据进行建模和预测。本案例仍使用搜索策略对模型超参数进行优化，与前述案例不同的是，本案例将使用 pmdarima 框架内提供的方法自动地完成该搜索过程，最终利用该方法返回的最优模型进行预测和评估。

1. 数据集

本案例中的时间序列数据记录了 1980 年 1 月至 1994 年 8 月澳大利亚葡萄酒制造商的葡萄酒总销量，如图 2-7 所示。在该数据集中，前 150 个样本被划分作为训练集，其余 26 个样本则作为测试集。

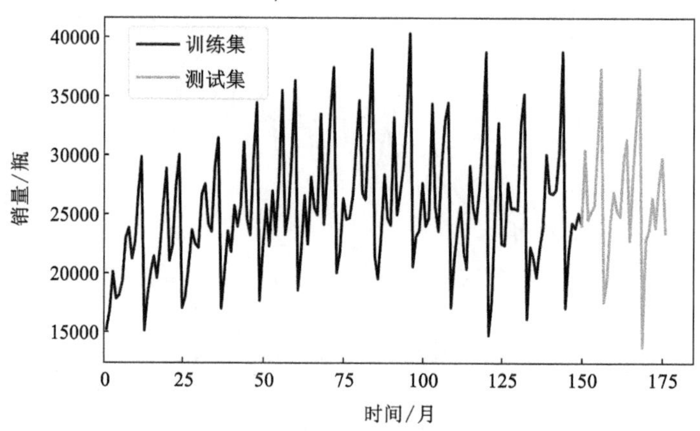

图 2-7　葡萄酒销量数据及其划分

该序列的统计量如表 2-3 所示。

表 2-3　葡萄酒销量数据统计量

序列长度	最大值/瓶	最小值/瓶	均值/瓶	标准差/瓶	偏度	峰度
176	40226	13652	25392. 15	5340. 82	0. 46	0. 10

2. 案例代码

代码 2-2 中给出了使用 Auto-SARIMA 进行 SARIMA 超参数搜索的实例。1~15 行导入各类 Python 模块；17~21 行设置全局绘图参数；23~27 行读取原始序列并进行统计分析；29~41 行进行训练集测试集划分和可视化；43~47 行使用加法模型对训练数据进行季节性分解；49~56 行绘制原始数据和由季节性分解得到的趋势项、季节项和残差项；58~92 行配置由 pmdarima 提供的 auto_arima 方法并开始模型超参数搜索，最终返回最优模型；94~99 行使用搜索得到的最优模型进行超前预测，同时返回预测结果和置信区间；101~102 行依据预测结果和测试集真值进行误差指标计算；104~122 行绘制训练集、测试集和预测结果，并绘制出预测结果的置信区间；124~130 行绘制预测结果的 Parity Plot 图。

代码 2-2　Auto-SARIMA 销量预测

```
# ch2/ch2_2_auto_sarima/auto_sarima.ipynb
# 标准库
import sys
# 第三方模块
import pandas as pd
import matplotlib.pyplot as plt
from statsmodels.tsa.seasonal import seasonal_decompose
import pmdarima as pm
# 自定义模块
sys.path.append('./../../')
import utils.dataset as udataset
import utils.metrics as umetrics
import utils.plot as uplot
# 绘图参数
name_model = 'AUTO_SARIMA'
name_var = '销量'
name_unit = '瓶'
uplot.set_matplotlib(plot_dpi=80, save_dpi=600, font_size=12)
# 数据读取
data = pd.read_csv('./data/data_winesales.csv', parse_dates=['date'])
data = data.set_index('date')
udataset.stats(data)
print(f'{data.shape=}')
# 训练测试划分
num_train = 150
```

```
train, test = pm.model_selection.train_test_split(data, train_size=num_train)
print(f'{train.shape=}, {test.shape=}')

# 可视化
uplot.plot_dataset(
    train.values,
    test.values,
    xlabel='时间/月',
    ylabel=f'{name_var}/{name_unit}',
    fig_name=f'原始序列_{name_model}'
)

# 季节性分解
decomposition = seasonal_decompose(
    train,  # 时间序列
    model='addictive',  # 季节分量类型
)

# 季节性分解可视化
uplot.plot_decomposition(
    series=train,
    decomposition=decomposition,
    xlabel='年份',
    ylabel=f'{name_var}{name_unit}',
    fig_name=f'季节分解_{name_model}'
)

# 搜索上限
max_value = 2  # 若计算资源充足可增大此参数

# 模型搜索/训练
```

```
model = pm.auto_arima(
    train,

    start_p=0,
    d=None,
    start_q=0,
    max_p=max_value,
    nax_d=3,
    max_q=max_value,

    start_P=0,
    D=None,
    start_Q=0,
    max_P=max_value,
    max_D=1,
    max_Q=max_value,
    max_order=20,
    m=12,
    seasonal=True,

    information_criterion='bic',
    stepwise=False,
    n_jobs=2,  # 若计算资源充足可增大此参数
    trace=True,

    suppress_warnings=True,
    error_action='ignore',

    n_fits=10,
    scoring='mse'
)
```

```python

# 测试
pred, conf_int = model.predict(
    n_periods=test.shape[0],  # 超前预测步数
    return_conf_int=True,  # 获取预测的置信区间
    alpha=0.05  # 预测的置信区间为(1-alpha)%
)

# 误差评价
umetrics.all_metrics(test.values, pred.values)

# 可视化
plt.figure(figsize=(6, 3.5))
plt.plot(train, label='训练集')
plt.plot(test, label='测试集')
plt.plot(pred, label='预测')
plt.fill_between(
    pred.index,
    conf_int[:, 0],
    conf_int[:, 1],
    alpha=0.1,
    color='b',
    label='置信区间'
)

plt.legend(loc='upper left')
plt.xlabel('年份')
plt.ylabel(f'{name_var}/{name_unit}')
plt.savefig(f'./fig/预测结果_{name_model}.jpg', bbox_inches='tight')
plt.show()

```

```
uplot.plot_parity(
    y_true=test.values,
    y_pred=pred.values,
    xlabel=f'观测值/{name_unit}',
    ylabel=f'预测值/{name_unit}',
    fig_name=f'{name_model}_Parity'
)
```

3. 结果分析

预测代码的执行结果在输出 2-2 中给出。第一部分给出了原始数据和训练测试数据的维度形状信息。第二部分给出了由 auto_arima 方法自动搜索得到的最优模型。第三部分为该模型的测试误差。

输出 2-2　Auto-SARIMA 销量预测

```
# ch2/ch2_2_auto_sarima/auto_sarima.ipynb (执行输出)
data.shape=(176, 1)
train.shape=(150, 1), test.shape=(26, 1)

Best model: ARIMA(0, 1, 1)(1, 0, 1)[12] intercept
Total fit time: 20.831 seconds

mse=6104337.631
rmse=2470.696
mae=1838.057
mape=8.293%
sde=2322.775
r2=0.778
pcc=0.916
```

图 2-8～图 2-10 分别为季节性分解图、预测结果曲线图和预测结果 Parity Plot 图。

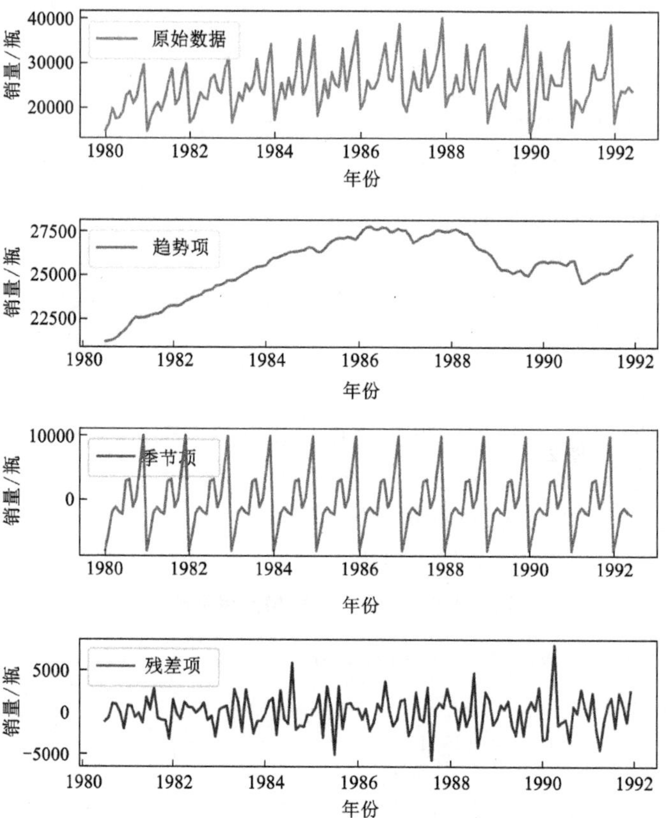

图 2-8　季节性分解图：Auto-SARIMA

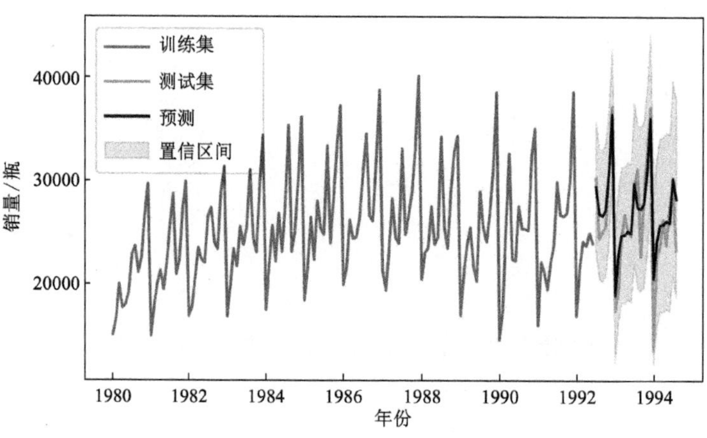

图 2-9　预测结果曲线图：Auto-SARIMA

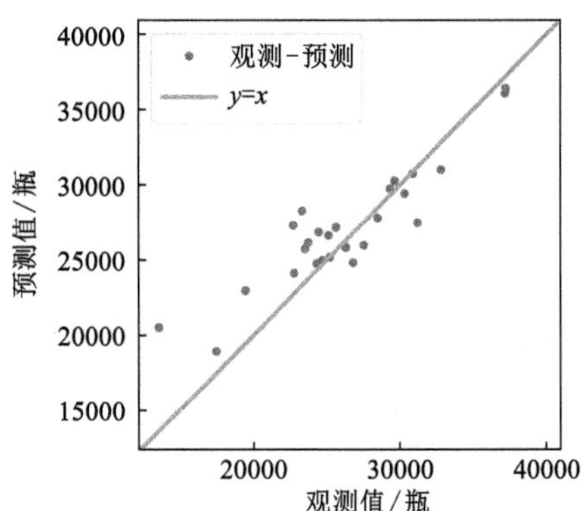

图 2-10　预测结果 Parity Plot 图：Auto-SARIMA

第 3 章

机器学习时间序列分析

本章对机器学习中典型的回归模型在时间序列预测任务中的应用进行了介绍，包括 K 最近邻（k－nearest neighbor，KNN）回归、多元线性回归（multiple linear regression，MLR）、支持向量回归（support vector regression，SVR）、决策树（decision tree，DT）回归、随机森林（random forest，RF）回归、梯度提升回归树（gradient－boosted regression tree，GBRT）、轻量梯度提升机（light gradient boosting machine，LightGBM）回归和极度梯度提升（extreme gradient boosting，XGBoost）回归，如图 3-1 所示。

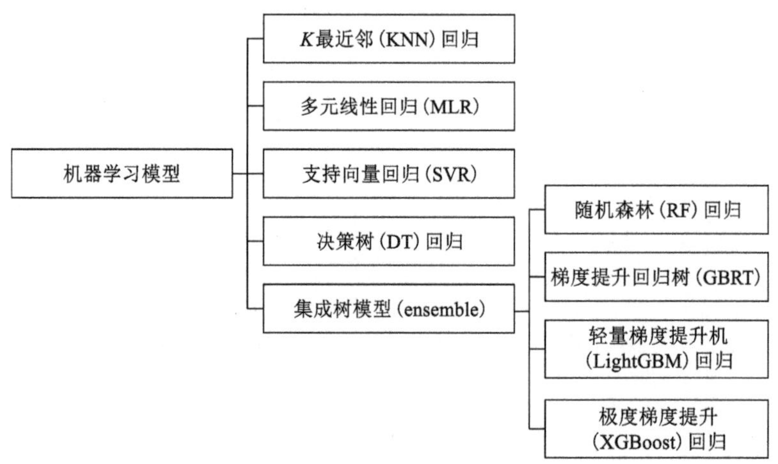

图 3-1　机器学习时间序列分析

机器学习模型自主地从样本特征中挖掘隐含数据关联，并学习实际的模型关系。本章对它们进行综合分析，以期为时间序列预测任务的机器学习求解提供可行方案。本章将同时考虑常规机器学习和大数据机器学习两种框架下的实现。

3.1 数据集

本章所有涉及的模型均使用相同的时间序列数据集进行构建。该数据为某地区 2021 年 9 月 1 日至 2021 年 9 月 30 日某个空气质量监测站点间隔每小时收集的 $PM_{2.5}$ 浓度数据。

在不使用验证集时，该数据集中训练集占比 80%，测试集占比 20%。当使用验证集时，还需从 80%的训练集中抽取后 20%作为验证集。此时，训练集、验证集和测试集的比例为 64%、16%和 20%。该数据集及其划分如图 3-2 所示。

当使用验证集完成模型超参数优化后，将使用最优超参数重新初始化模型，并在占全部数据集 80%(即 64%+16%)的训练集上重新训练该模型。

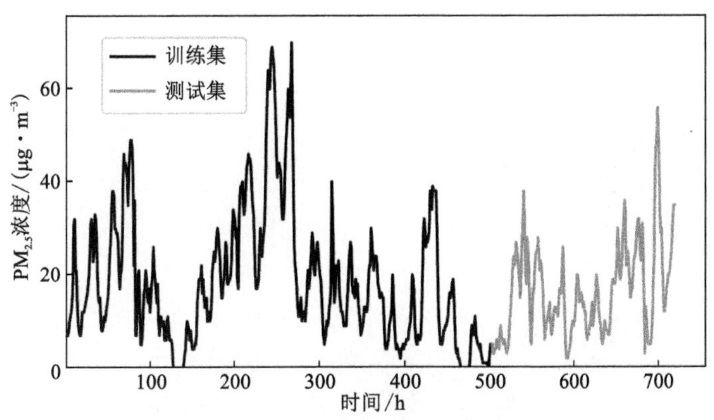

图 3-2　$PM_{2.5}$ 浓度数据及其划分

该序列的统计量如表 3-1 所示。

表 3-1　$PM_{2.5}$ 浓度数据统计量

序列长度	最大值/(mg·m^{-3})	最小值/(mg·m^{-3})	均值/(mg·m^{-3})	标准差/(mg·m^{-3})	偏度	峰度
720	72.00	1.00	20.13	13.31	1.20	1.60

代码 3-1 给出了对该数据进行分析和可视化的基本流程。1~11 行导入需要使用的 Python 库和自定义模块；13~16 行设置绘图参数，15 行使用 LaTex 格式定义了浓度的单位；18~20 行读入并截取时间序列数据；21~22 行给定训练样本比例并计算训练样本数量；23~24 行对 $PM_{2.5}$ 浓度数据进行统计量计算并绘制数据曲线图和训练测试划分情况。

代码 3-1　$PM_{2.5}$ 污染物浓度数据分析统计

```
1. # 系统库
2. import sys
3.
4. # 第三方库
5. import numpy as np
6. import pandas as pd
7.
8. # 自定义模块
9. sys.path.append('./../../')
10. import utils.dataset as d
11. import utils.plot as p
12.
13. # 绘图参数
14. name_var = '$ PM_{2.5}浓度 $'
15. name_unit = '($ \mu g · m^{-3} $)'
16. p.set_matplotlib(plot_dpi=80, save_dpi=600, font_size=12)
17.
18. # 数据读取和统计分析
19. data = pd.read_csv('./../data/data_pm2_5.csv')
20. series = data['PM2_5'].values[:, np.newaxis]
21. ratio_train = 0.7  # 训练样本比例
22. num_train = int(len(series)*ratio_train)  # 训练样本数量
23. d.stats(series)
```

```
p.plot_dataset(
    train=series[0:num_train],
    test=series[num_train:],
    xlabel='时间/h',
    ylabel=f'{name_var}/{name_unit}',
    fig_name='PM2.5_序列'
)
```

3.2 *K* 最近邻回归

3.2.1 模型介绍

K 最近邻(k-nearest neighbor，KNN)算法，根据 *K* 个最近邻居的属性来代表当前未知样本的属性[19]。在回归任务中，将这 *K* 个邻居样本的均值或基于距离远近程度的加权平均值作为预测结果[20]。

样本间的距离可以使用闵可夫斯基距离进行度量，如式(3-1)所示。

$$D(x,\ y) = \left(\sum_{i=1}^{n} |x_i - y_i|^p\right)^{\frac{1}{p}} \tag{3-1}$$

式中：x 和 y 分别为两个样本；x_i 和 y_i 分别为两个样本各自的第 i 个分量；n 为样本特征的数量；p 为闵可夫斯基距离的参数。当 p 为 1 时，该距离为曼哈顿距离；当 p 为 2 时，该距离为欧几里得距离。

3.2.2 实例：*K* 最近邻(KNN)回归预测

本案例使用 KNN 回归模型对某地区 $PM_{2.5}$ 浓度进行超前 1 步预测。由于此处是本书中首次出现监督学习模型，因此给出使用监督学习模型进行时间序列分析预测的一般流程。

不同于第二章中的统计方法模型，KNN 回归模型及其本书后续章节的所有模型均为监督学习模型。为满足监督学习模型训练测试的需要，除去划分训练测试集，还需要将时间序列数据转化为监督学习数据集，并对训练测试集进行归一化。

对数据预处理结束后，首先需要初始化模型。尽管可以使用模型提供的默认参数直接构建一个模型，但多数情况下我们需要显式为模型的可配置超参数进行赋值。这些参数的选取很多情况下是基于经验的，为此可能需要进行大量尝试。同第二章中的网格搜索策略一致，对于监督学习模型，我们也可以采用自动化的工具自动地搜索遍历可能的超参数组合，进而选择出泛化能力相对更优的模型。

模型初始化配置结束后，需要将训练和验证数据（如果有）提供给训练该模型的函数或方法，训练算法将开始从数据中学习隐含模式并用于更新模型参数。模型训练完毕后，可以选择将该训练完毕的模型保存至硬盘（这一过程也称为持久化）以便后续任务中的直接调用。

使用训练完毕的模型对测试样本进行预测（这一过程也被称为推理）即可得到模型预测值。由于训练测试数据在预处理阶段进行了归一化处理，训练得到的模型的输出也将大致处于归一化的范围之内，此时需要对模型输出结果进行反归一化处理，以还原其幅值范围。

最后，使用各类评价指标对模型预测和实际观测进行对比计算，给出各评价指标数值，完成对模型泛化性能的评价。此外还可将模型训练/验证过程、预测/观测数据、误差指标等进行可视化，以直观地分析整个建模过程。

1. 案例代码

代码 3-2 中给出了使用 *K* 最近邻回归模型对 $PM_{2.5}$ 浓度进行预测的基本流程。1~21 行首先导入各类 Python 库及模块并设置全局绘图参数；23~27 行读取原始数据文件并计算训练样本数量；29~34 行指定输入输出长度并将一维时间序列数据转换为监督学习数据；36~42 行分别对训练和测试数据进行样本特征及标签的划分；44~52 行分别对特征和标签进行归一化变换；54~63 行以多个关键参数初始化 KNN 回归模型对象；65~66 行使用训练数据对 KNN 回归模型进行训练；68~70 行使用训练得到的 KNN 回归模型对测试集进行推理，并对推理结果进行反归一化；72~73 行依据原始测试集标签和反归一化得到的模型输出进行误差评价；75~89 行对预测结果进行可视化。

代码 3-2　*K* 最近邻（KNN）回归 $PM_{2.5}$ 污染物浓度预测

```
1. # ch3/ch3_1_knn/knn.ipynb
2. # 标准库
3. import sys
4.
5. # 第三方库
```

```
import numpy as np
import pandas as pd
from sklearn.preprocessing import MinMaxScaler
from sklearn.neighbors import KNeighborsRegressor

# 自定义模块
sys.path.append('./../../')
import utils.dataset as d
import utils.metrics as m
import utils.plot as p

# 绘图参数
name_model = 'KNN'
name_var = '$ PM_{2.5}浓度 $'
name_unit = '( $ \mu g · m^{-3} $ )'
p.set_matplotlib(plot_dpi=80, save_dpi=600, font_size=12)

# 数据读取和统计分析
data = pd.read_csv('./../data/data_pm2_5.csv')
series = data['PM2_5'].values[:, np.newaxis]
ratio_train = 0.7  # 训练样本比例
num_train = int(len(series)*ratio_train)  # 训练样本数量

# 监督学习样本构建
H = 5
S = 1
train = d.series_to_supervised(series[0:num_train], H, S)  # [num_train, H+1]
test = d.series_to_supervised(series[num_train-H:], H, S)  # [num_test, H+1]
print(f"{train.shape=}, {test.shape=}")

# 训练测试样本划分
```

```
train_x = train.iloc[:, :-1].values  # [num_train, H]
train_y = train.iloc[:, -1].values[:, np.newaxis]  # [num_train, 1]
test_x = test.iloc[:, :-1].values  # [num_test, H]
test_y = test.iloc[:, -1].values[:, np.newaxis]  # [num_test, 1]
print(f'{train_x.shape=}, {train_y.shape=}')
print(f'{test_x.shape=}, {test_y.shape=}')

# 样本归一化
x_scalar = MinMaxScaler(feature_range=(0, 1))
y_scalar = MinMaxScaler(feature_range=(0, 1))
train_x_n = x_scalar.fit_transform(train_x)  # [num_train, H]
test_x_n = x_scalar.transform(test_x)  # [num_test, H]
train_y_n = y_scalar.fit_transform(train_y)  # [num_train, 1]
test_y_n = y_scalar.transform(test_y)  # [num_test, 1]
print(f'{train_x_n.shape=}, {train_y_n.shape=}')
print(f'{test_x_n.shape=}, {test_y_n.shape=}')

# K 最近邻回归模型
model = KNeighborsRegressor(
    n_neighbors=10,  # 邻居的数量
    weights='uniform',  # 预测中使用的权重函数
    algorithm='auto',  # 用于计算最近邻的算法
    leaf_size=30,  # BallTree 或 KDTree 的参数
    p=1,  # 闵可夫斯基距离的幂次参数
    metric='minkowski',  # 距离指标
    n_jobs=1,  # 设置 job 数量
)

# 训练
model.fit(train_x_n, train_y_n)

```

```
# 测试
y_hat_n = model.predict(test_x_n)
y_hat = y_scalar.inverse_transform(y_hat_n)   # [num_test, 1]

# 测试集-误差计算
m.all_metrics(y_true=test_y, y_pred=y_hat)

# 可视化
p.plot_results(
        y_true=test_y,
        y_pred=y_hat,
        xlabel='时间/h',
        ylabel=f'{name_var}{name_unit}',
        fig_name=f'{name_model}_预测曲线'
)
p.plot_parity(
        y_true=test_y,
        y_pred=y_hat,
        xlabel=f'观测值/{name_unit}',
        ylabel=f'预测值/{name_unit}',
        fig_name=f'{name_model}_Parity'
)
```

2. 结果分析

预测代码的执行结果在输出 3-1 中给出。

输出 3-1　*K* 最近邻(KNN)回归 $PM_{2.5}$ 浓度预测

```
# ch3/ch3_1_knn/knn.ipynb (执行输出)
train.shape=(498, 6), test.shape=(217, 6)
train_x.shape=(498, 5), train_y.shape=(498, 1)
```

```
test_x.shape=(217, 5), test_y.shape=(217, 1)
train_x_n.shape=(498, 5), train_y_n.shape=(498, 1)
test_x_n.shape=(217, 5), test_y_n.shape=(217, 1)

mse=22.635
rmse=4.758
mae=3.420
mape=23.177%
sde=4.754
r2=0.776
pcc=0.881
```

图 3-3 和图 3-4 分别为 KNN 回归模型的预测结果曲线图和预测结果 Parity Plot 图。

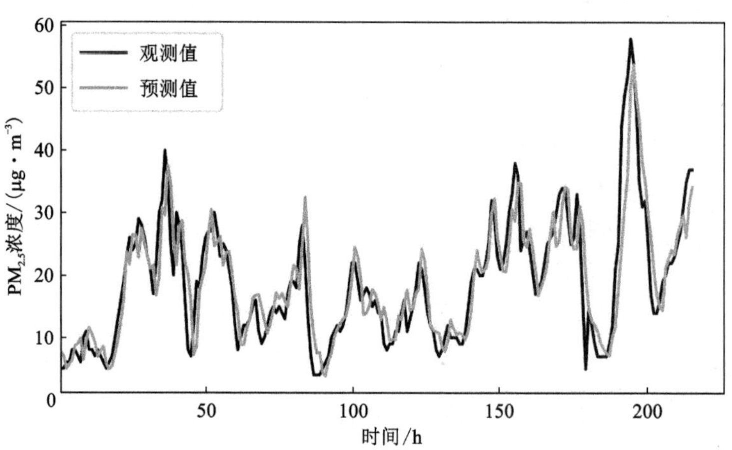

图 3-3　预测结果曲线图：KNN

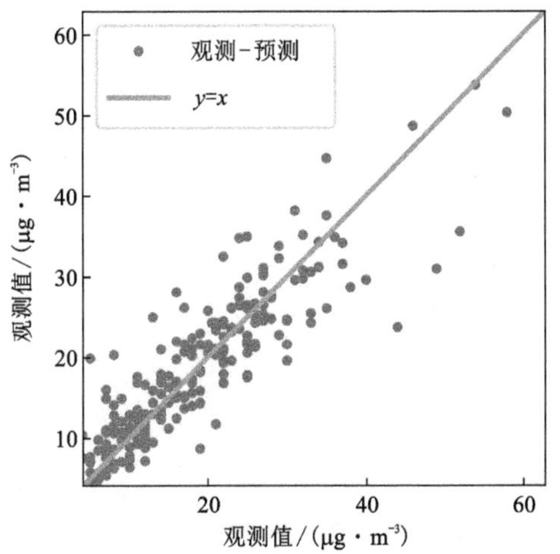

图 3-4　预测结果 Parity Plot 图：KNN

3.3　多元线性回归

3.3.1　模型介绍

多元线性回归(multiple linear regression, MLR)指普通最小二乘线性回归模型[21]。该模型通过拟合一个以参数 $\boldsymbol{w}=(w_0, w_1, w_2, \cdots, w_p)$ 为权重的线性模型[22]，最小化观测数据和模型预测数据间的残差平方和。

3.3.2　实例：多元线性回归(MLR)预测

本案例使用多元线性回归(MLR)模型对 $PM_{2.5}$ 浓度时间序列进行建模和预测。

1. 案例代码

代码 3-3 给出了使用多元线性回归模型对 $PM_{2.5}$ 浓度进行预测的基本流程。1~21 行导入库及模块并设置绘图参数；23~52 行依次完成数据文件读取、监督学习样本构建、训练测试样本划分及样本归一化；54~60 行构建 MLR 模型对象；62~67 行对模型进行训练，并打印查看模型的关键参数，此处打印出了 MLR 模型的各自变量系数及截距的取值；69~75 行对模型进行测试并对测试结果进行误差分析；77~91 行对预测结果进行可视化。

代码 3-3　多元线性回归(MLR) $PM_{2.5}$ 浓度预测

```
1. # ch3/ch3_2_mlr/mlr.ipynb
2. # 标准库
3. import sys
4.
5. # 第三方库
6. import numpy as np
7. import pandas as pd
8. from sklearn.preprocessing import MinMaxScaler
9. from sklearn.linear_model import LinearRegression
10.
11. # 自定义模块
12. sys.path.append('./../../')
13. import utils.dataset as d
14. import utils.metrics as m
15. import utils.plot as p
16.
17. # 绘图参数
18. name_model = 'MLR'
19. name_var = '$ PM_{2.5}浓度 $'
20. name_unit = '($ \mu g·m^{-3} $)'
21. p.set_matplotlib(plot_dpi=80, save_dpi=600, font_size=12)
22.
23. # 数据读取和统计分析
24. data = pd.read_csv('./../data/data_pm2_5.csv')
25. series = data['PM2_5'].values[:, np.newaxis]
26. ratio_train = 0.7  # 训练样本比例
```

```
num_train = int(len(series)*ratio_train)  # 训练样本数量

# 监督学习样本构建
H = 5
S = 1
train = d.series_to_supervised(series[0:num_train], H, S)  # [num_train, H+1]
test = d.series_to_supervised(series[num_train-H:], H, S)  # [num_test, H+1]
print(f"{train.shape=}, {test.shape=}")

# 训练测试样本划分
train_x = train.iloc[:, :-1].values  # [num_train, H]
train_y = train.iloc[:, -1].values[:, np.newaxis]  # [num_train, 1]
test_x = test.iloc[:, :-1].values  # [num_test, H]
test_y = test.iloc[:, -1].values[:, np.newaxis]  # [num_test, 1]
print(f'{train_x.shape=}, {train_y.shape=}')
print(f'{test_x.shape=}, {test_y.shape=}')

# 样本归一化
x_scalar = MinMaxScaler(feature_range=(0, 1))
y_scalar = MinMaxScaler(feature_range=(0, 1))
train_x_n = x_scalar.fit_transform(train_x)  # [num_train, H]
test_x_n = x_scalar.transform(test_x)  # [num_test, H]
train_y_n = y_scalar.fit_transform(train_y)  # [num_train, 1]
test_y_n = y_scalar.transform(test_y)  # [num_test, 1]
print(f'{train_x_n.shape=}, {train_y_n.shape=}')
print(f'{test_x_n.shape=}, {test_y_n.shape=}')

# 线性回归模型
model = LinearRegression(
```

```
    fit_intercept=True,  # 是否计算截距
    normalize=False,  # 是否在训练之前归一化回归量 X
    n_jobs=1,  # 设置 job 数量
    positive=False  # 是否强制系数均为正
)

# 训练
model.fit(train_x_n, train_y_n)

# 模型参数查看
print(f'{model.coef_=}')  # 估计的模型系数
print(f'{model.intercept_=}')  # 估计的模型截距

# 测试
y_hat_n = model.predict(test_x_n)
y_hat = y_scalar.inverse_transform(y_hat_n)  # [num_test, 1]

# 误差评价
print()
m.all_metrics(y_true=test_y, y_pred=y_hat)

# 可视化
p.plot_results(
    y_true=test_y,
    y_pred=y_hat,
    xlabel='时间/h',
    ylabel=f'{name_var}/{name_unit}',
    fig_name=f'{name_model}_预测曲线'
)
```

```
p.plot_parity(
        y_true=test_y,
        y_pred=y_hat,
        xlabel=f'观测值/{name_unit}',
        ylabel=f'预测值/{name_unit}',
        fig_name=f'{name_model}_Parity'
)
```

2. 结果分析

预测代码的执行结果在输出 3-2 中给出。

输出 3-2 多元线性回归(MLR) $PM_{2.5}$ 浓度预测

```
# ch3/ch3_2_mlr/mlr.ipynb (执行输出)
train.shape=(498, 6), test.shape=(217, 6)
train_x.shape=(498, 5), train_y.shape=(498, 1)
test_x.shape=(217, 5), test_y.shape=(217, 1)
train_x_n.shape=(498, 5), train_y_n.shape=(498, 1)
test_x_n.shape=(217, 5), test_y_n.shape=(217, 1)


model.coef_=array([[ 0.01036165,    0.00399871, -0.04074614, -0.23685538,    1.20936875]])
model.intercept_=array([0.01495546])


mse=12.841
rmse=3.583
mae=2.567
mape=15.775%
sde=3.583
r2=0.873
pcc=0.935
```

图 3-5 和图 3-6 分别为 MLR 模型的预测结果曲线图和预测结果 Parity Plot 图。

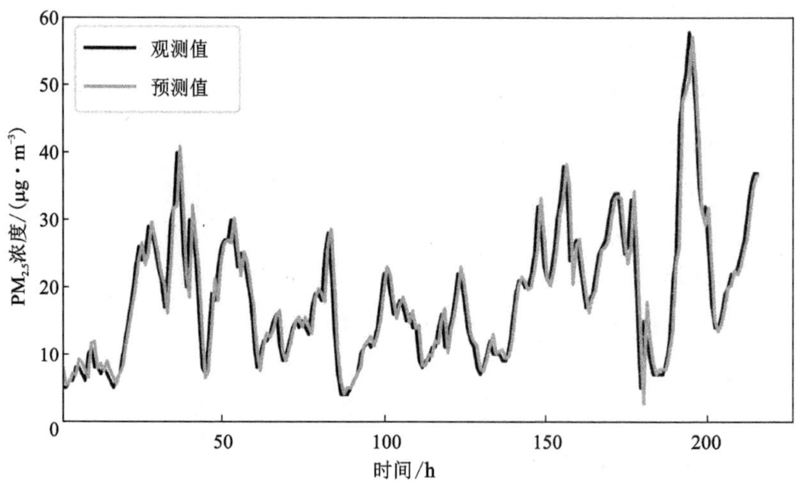

图 3-5 预测结果曲线图：MLR

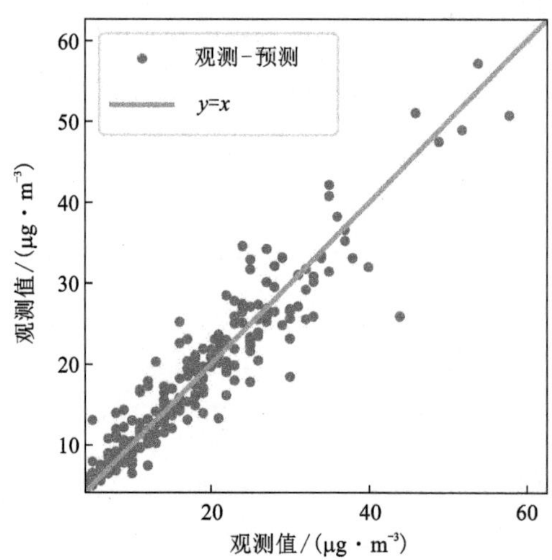

图 3-6 预测结果 Parity Plot 图：MLR

3.4 支持向量回归

3.4.1 模型介绍

支持向量回归(support vector regression, SVR)是支持向量机(support vector machine, SVM)[23]的重要应用分支[24]。与用于分类的支持向量机不同,支持向量回归算法旨在找到一个函数,这个函数对于所有训练样本,都能在 ε 容错范围内尽可能精确地预测目标值,同时确保模型的复杂度最小。

3.4.2 实例:支持向量回归(SVR)预测

在支持向量回归(SVR)模型的构建中,本章使用网格搜索对其超参数进行了搜索和优化。模型超参数优化采用 sklearn 中的 GridSearchCV 模块,待优化的超参数包括内核类型(kernel)、核系数(gamma)、正则化系数(C)和 epsilon 系数(epsilon)。

在超参数搜索过程中,使用 5 折交叉验证对模型性能进行评估。为加速搜索,将使用全部可用的 CPU 核心。在搜索结束后,将使用最优超参数重新初始化模型并重新在训练集上训练,以得到最终优化后的模型。

1. 案例代码

代码 3-4 给出了使用支持向量回归模型对 $PM_{2.5}$ 浓度进行预测的基本流程。1~22 行分别导入所需的库及模块并对 matplotlib 的一些全局绘图参数进行设置;24~53 行完成数据读取、样本构建、划分及归一化;55~61 行给出待搜索的超参数及其对应的候选范围;63~67 行初始化 SVR 模型;69~77 行构建网格搜索及交叉验证对象,搜索中将使用全部可用计算资源,进行 5 折交叉验证,并将在参数搜索结束后使用最优超参数重新训练 SVR 模型;79~83 行开始对 SVR 模型的超参数优化过程,并在优化结束后打印出最优参数;85~88 行对优化后的 SVR 模型进行测试;90~92 行计算测试误差;94~108 行完成对预测结果的可视化。

代码 3-4 支持向量回归(SVR)$PM_{2.5}$ 浓度预测

```
1. # ch3/ch3_3_svr/svr.ipynb
2. # 标准库
```

```
import sys

# 第三方库
import numpy as np
import pandas as pd
from sklearn.preprocessing import MinMaxScaler
from sklearn.svm import SVR
from sklearn.model_selection import GridSearchCV

# 自定义模块
sys.path.append('./../../')
import utils.dataset as d
import utils.metrics as m
import utils.plot as p

# 绘图参数
name_model = 'SVR'
name_var = '$ PM_{2.5}浓度 $'
name_unit = '( $ \mu g · m^{-3} $ )'
p.set_matplotlib(plot_dpi=80, save_dpi=600, font_size=12)

# 数据读取和统计分析
data = pd.read_csv('./../data/data_pm2_5.csv')
series = data['PM2_5'].values[:, np.newaxis]
ratio_train = 0.7  # 训练样本比例
num_train = int(len(series)*ratio_train)  # 训练样本数量

# 监督学习样本构建
H = 5
```

```
S = 1
train = d.series_to_supervised(series[0:num_train], H, S)  # [num_train, H+1]
test = d.series_to_supervised(series[num_train-H:], H, S)  # [num_test, H+1]
print(f"{train.shape=}, {test.shape=}")

# 训练测试样本划分
train_x = train.iloc[:, :-1].values  # [num_train, H]
train_y = train.iloc[:, -1].values[:, np.newaxis]  # [num_train, 1]
test_x = test.iloc[:, :-1].values  # [num_test, H]
test_y = test.iloc[:, -1].values[:, np.newaxis]  # [num_test, 1]
print(f'{train_x.shape=}, {train_y.shape=}')
print(f'{test_x.shape=}, {test_y.shape=}')

# 样本归一化
x_scalar = MinMaxScaler(feature_range=(0, 1))
y_scalar = MinMaxScaler(feature_range=(0, 1))
train_x_n = x_scalar.fit_transform(train_x)  # [num_train, H]
test_x_n = x_scalar.transform(test_x)  # [num_test, H]
train_y_n = y_scalar.fit_transform(train_y)  # [num_train, 1]
test_y_n = y_scalar.transform(test_y)  # [num_test, 1]
print(f'{train_x_n.shape=}, {train_y_n.shape=}')
print(f'{test_x_n.shape=}, {test_y_n.shape=}')

# 待搜索超参数
parameter_search = {
    'kernel': ['linear', 'rbf', 'sigmoid'],  # 内核类型
    'gamma': ['scale', 'auto'],  # 核系数
    'C': [pow(10, i) for i in range(-5, 5)],  # 正则化系数
    'epsilon': [i*0.05 for i in range(1, 20)],  # Epsilon 系数
```

```
}

# 支持向量回归模型
model = SVR(
    verbose=False,  # 是否输出训练过程细节
    max_iter=-1  # 求解器内最大迭代次数
)

# 网格搜索
model = GridSearchCV(
    estimator=model,  # 模型对象
    param_grid=parameter_search,  # 待搜索超参数字典
    n_jobs=-1,  # 设置 job 数量
    cv=5,  # 交叉验证划分
    refit=True,  # 是否使用最优参数重新训练模型
    verbose=True  # 是否输出训练过程细节
)

# 开始超参搜索
model.fit(train_x_n, train_y_n.ravel())

# 最优模型参数查看
print("模型的最优超参数：", model.best_params_)

# 测试
y_hat_n = model.predict(test_x_n)
y_hat_n = y_hat_n.reshape(-1, 1)
y_hat = y_scalar.inverse_transform(y_hat_n)  # [num_test, 1]

```

```
# 测试误差计算
print()
m.all_metrics(y_true=test_y, y_pred=y_hat)

# 可视化
p.plot_results(
    y_true=test_y,
    y_pred=y_hat,
    xlabel='时间/h',
    ylabel=f'{name_var}/{name_unit}',
    fig_name=f'{name_model}_预测曲线'
)
p.plot_parity(
    y_true=test_y,
    y_pred=y_hat,
    xlabel=f'观测值/{name_unit}',
    ylabel=f'预测值/{name_unit}',
    fig_name=f'{name_model}_Parity'
)
```

2. 结果分析

预测代码的执行结果在输出 3-3 中给出。

输出 3-3　支持向量回归(SVR)$PM_{2.5}$ 浓度预测

```
# ch3/ch3_3_svr/svr.ipynb (执行输出)
train.shape=(498, 6), test.shape=(217, 6)
train_x.shape=(498, 5), train_y.shape=(498, 1)
test_x.shape=(217, 5), test_y.shape=(217, 1)
train_x_n.shape=(498, 5), train_y_n.shape=(498, 1)
```

```
test_x_n.shape=(217, 5), test_y_n.shape=(217, 1)


Fitting 5 folds for each of 1140 candidates, totalling 5700 fits
模型的最优超参数：{'C'：1, 'epsilon'：0.05, 'gamma'：'scale', 'kernel'：'linear'}


mse=13.175
rmse=3.630
mae=2.631
mape=16.456%
sde=3.629
r2=0.870
pcc=0.933
```

图 3-7 和图 3-8 分别为 SVR 模型的预测结果曲线图和预测结果 Parity Plot 图。

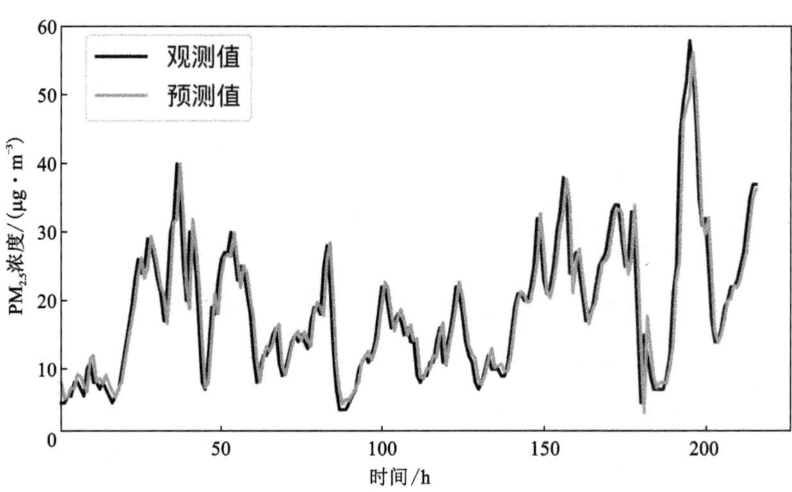

图 3-7　预测结果曲线图：SVR

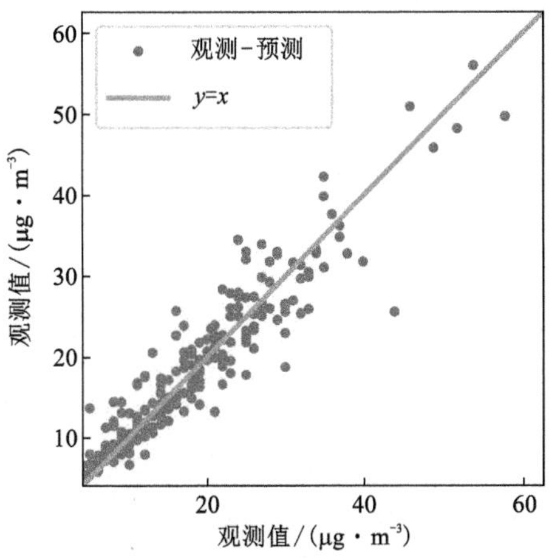

图 3-8　预测结果 Parity Plot 图：SVR

3.5 决策树回归

3.5.1　模型介绍

决策树(decision tree，DT)回归主要指分类与回归树(classification and regression tree，CART)算法[25]，CART 为二叉树结构，每个非叶节点都是对特征空间的一次划分，最后的每个叶节点输出的特征值即为预测值[26]。

3.5.2　实例：决策树(DT)回归预测

本案例使用决策树(DT)回归模型对 $PM_{2.5}$ 浓度时间序列进行建模预测。

1. 案例代码

代码 3-5 给出了使用决策树回归模型对 $PM_{2.5}$ 浓度进行预测的基本流程。1~21 行导入库和模块并设置绘图参数；23~52 行完成数据读取、样本构建、划分及归一化；54~61 行初始化决策树回归模型对象；63~67 行对模型进行训练并打印 DT 回归模型给出的特征重要性参数；69~76 行依次完成模型测试和误差评价；78~92 行绘制模型预测结果。

代码 3-5 决策树(DT)回归 $PM_{2.5}$ 浓度预测

```
# ch3/ch3_4_dt/dt.ipynb
# 标准库
import sys

# 第三方库
import numpy as np
import pandas as pd
from sklearn.preprocessing import MinMaxScaler
from sklearn.tree import DecisionTreeRegressor

# 自定义模块
sys.path.append('./../../')
import utils.dataset as d
import utils.metrics as m
import utils.plot as p

# 绘图参数
name_model = 'DT'
name_var = '$PM_{2.5}浓度$'
name_unit = '($\mu g·m^{-3}$)'
p.set_matplotlib(plot_dpi=80, save_dpi=600, font_size=12)

# 数据读取和统计分析
data = pd.read_csv('./../data/data_pm2_5.csv')
series = data['PM2_5'].values[:, np.newaxis]
ratio_train = 0.7  # 训练样本比例
num_train = int(len(series)*ratio_train)  # 训练样本数量

```

```
# 监督学习样本构建
H = 5
S = 1
train = d.series_to_supervised(series[0:num_train], H, S)  # [num_train, H+1]
test = d.series_to_supervised(series[num_train-H:], H, S)  # [num_test, H+1]
print(f"{train.shape=}, {test.shape=}")

# 训练测试样本划分
train_x = train.iloc[:, :-1].values  # [num_train, H]
train_y = train.iloc[:, -1].values[:, np.newaxis]  # [num_train, 1]
test_x = test.iloc[:, :-1].values  # [num_test, H]
test_y = test.iloc[:, -1].values[:, np.newaxis]  # [num_test, 1]
print(f'{train_x.shape=}, {train_y.shape=}')
print(f'{test_x.shape=}, {test_y.shape=}')

# 样本归一化
x_scalar = MinMaxScaler(feature_range=(0, 1))
y_scalar = MinMaxScaler(feature_range=(0, 1))
train_x_n = x_scalar.fit_transform(train_x)  # [num_train, H]
test_x_n = x_scalar.transform(test_x)  # [num_test, H]
train_y_n = y_scalar.fit_transform(train_y)  # [num_train, 1]
test_y_n = y_scalar.transform(test_y)  # [num_test, 1]
print(f'{train_x_n.shape=}, {train_y_n.shape=}')
print(f'{test_x_n.shape=}, {test_y_n.shape=}')

# 决策树回归模型
model = DecisionTreeRegressor(
    criterion='mse',  # 衡量分支质量的指标
    splitter='best',  # 在各节点选择分支的策略
```

```
    max_depth=None,  # 树的最大深度
    min_samples_split=2,  # 划分内部节点需要的最小样本数量
    min_samples_leaf=1,  # 叶节点需要的最小样本数量
)

# 训练
model.fit(train_x_n, train_y_n)

# 模型参数查看
print(f'{model.feature_importances_=}')  # 各特征对模型的重要性

# 测试
y_hat_n = model.predict(test_x_n)
y_hat_n = y_hat_n.reshape(-1, 1)
y_hat = y_scalar.inverse_transform(y_hat_n)  # [num_test, 1]

# 测试集-误差计算
print()
m.all_metrics(y_true=test_y, y_pred=y_hat)

# 可视化
p.plot_results(
    y_true=test_y,
    y_pred=y_hat,
    xlabel='时间/h',
    ylabel=f'{name_var}/{name_unit}',
    fig_name=f'{name_model}_预测曲线'
)
p.plot_parity(
    y_true=test_y,
```

```
        y_pred=y_hat,
        xlabel=f'观测值/{name_unit}',
        ylabel=f'预测值/{name_unit}',
        fig_name=f'{name_model}_Parity'
)
```

2. 结果分析

预测代码的执行结果在输出 3-4 中给出。

输出 3-4　决策树(DT)回归 $PM_{2.5}$ 浓度预测

```
# ch3/ch3_4_dt/dt.ipynb (执行输出)
train.shape=(498, 6), test.shape=(217, 6)
train_x.shape=(498, 5), train_y.shape=(498, 1)
test_x.shape=(217, 5), test_y.shape=(217, 1)
train_x_n.shape=(498, 5), train_y_n.shape=(498, 1)
test_x_n.shape=(217, 5), test_y_n.shape=(217, 1)


model.feature_importances_=
array([0.02028106, 0.01955499, 0.01438491, 0.02318442, 0.92259461])


mse=27.153
rmse=5.211
mae=3.864
mape=24.074%
sde=5.179
r2=0.731
pcc=0.885
```

图 3-9 和图 3-10 分别为 DT 回归模型的预测结果曲线图和预测结果 Parity Plot 图。

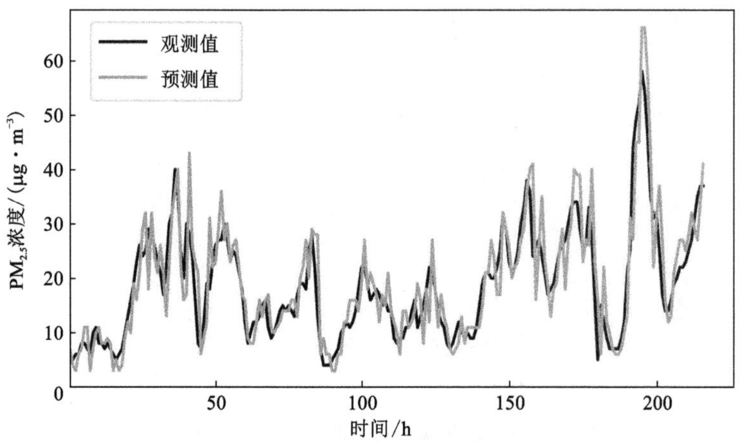

图 3-9　预测结果曲线图：DT

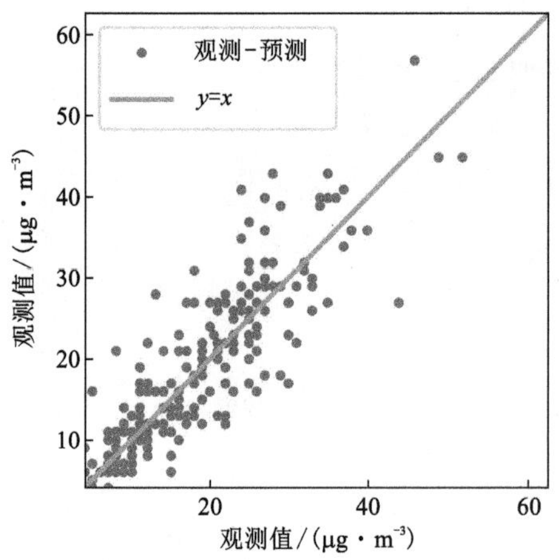

图 3-10　预测结果 Parity Plot 图：DT

3.6 随机森林回归

3.6.1　模型介绍

随机森林(random forest，RF)是基于 Bagging 集成思想的树模型方法，通过随机抽取样本和特征，建立多个回归树模型，并分别得到预测结果[27]，最后综合所有树的预测结果取平均，即可得到整个森林的回归预测结果[28]。

3.6.2　实例：随机森林（RF）回归预测

本案例使用随机森林（RF）回归模型对 $PM_{2.5}$ 浓度时间序列进行建模预测。

1. 案例代码

代码 3-6 给出了使用随机森林回归模型对 $PM_{2.5}$ 浓度进行预测的基本流程。1～21 行完成模块导入及绘图参数设置；23～52 行依次完成数据读取、样本重构、划分及归一化；54～64 行初始化随机森林回归模型对象；66～70 行训练 RF 回归模型并打印其给出的特征重要性；72～79 行依次对模型进行测试并给出预测误差指标；81～95 行对预测结果进行可视化。

代码 3-6　随机森林（RF）回归 $PM_{2.5}$ 浓度预测

```
1. # ch3/ch3_5_ensemble/ch3_5_1_rf/rf.ipynb
2. # 标准库
3. import sys
4.
5. # 第三方库
6. import numpy as np
7. import pandas as pd
8. from sklearn.preprocessing import MinMaxScaler
9. from sklearn.ensemble import RandomForestRegressor
10.
11. # 自定义模块
12. sys.path.append('./../../../')
13. import utils.dataset as d
14. import utils.metrics as m
15. import utils.plot as p
16.
17. # 绘图参数
18. name_model = 'RF'
```

```
name_var = '$ PM_{2.5}浓度 $'
name_unit = '( $ \mu g · m^{-3} $ )'
p.set_matplotlib(plot_dpi=80, save_dpi=600, font_size=12)

# 数据读取和统计分析
data = pd.read_csv('./../../data/data_pm2_5.csv')
series = data['PM2_5'].values[:, np.newaxis]
ratio_train = 0.7  # 训练样本比例
num_train = int(len(series)*ratio_train)  # 训练样本数量

# 监督学习样本构建
H = 5
S = 1
train = d.series_to_supervised(series[0:num_train], H, S)  # [num_train, H+1]
test = d.series_to_supervised(series[num_train-H:], H, S)  # [num_test, H+1]
print(f"{train.shape=}, {test.shape=}")

# 训练测试样本划分
train_x = train.iloc[:, :-1].values  # [num_train, H]
train_y = train.iloc[:, -1].values[:, np.newaxis]  # [num_train, 1]
test_x = test.iloc[:, :-1].values  # [num_test, H]
test_y = test.iloc[:, -1].values[:, np.newaxis]  # [num_test, 1]
print(f'{train_x.shape=}, {train_y.shape=}')
print(f'{test_x.shape=}, {test_y.shape=}')

# 样本归一化
x_scalar = MinMaxScaler(feature_range=(0, 1))
y_scalar = MinMaxScaler(feature_range=(0, 1))
```

```
train_x_n = x_scalar.fit_transform(train_x)   # [num_train, H]
test_x_n = x_scalar.transform(test_x)   # [num_test, H]
train_y_n = y_scalar.fit_transform(train_y)   # [num_train, 1]
test_y_n = y_scalar.transform(test_y)   # [num_test, 1]
print(f'{train_x_n.shape=}, {train_y_n.shape=}')
print(f'{test_x_n.shape=}, {test_y_n.shape=}')

# 随机森林回归模型
model = RandomForestRegressor(
    n_estimators=100,  # 森林中树的数量
    criterion='mse',  # 衡量分支质量的指标
    max_depth=None,  # 树的最大深度
    min_samples_split=2,  # 划分内部节点需要的最小样本数量
    min_samples_leaf=1,  # 叶节点需要的最小样本数
    bootstrap=True,  # 构建树时是否 bootstrap 采样样本
    n_jobs=1,  # 设置 job 数量
    verbose=False,  # 是否输出训练过程细节
)

# 训练
model.fit(train_x_n, train_y_n.ravel())

# 模型参数查看
print(f'{model.feature_importances_=}')  # 各特征对模型的重要性

# 测试
y_hat_n = model.predict(test_x_n)
y_hat_n = y_hat_n.reshape(-1, 1)
```

```
y_hat = y_scalar.inverse_transform(y_hat_n)  # [num_test, 1]

# 测试集-误差计算
print()
m.all_metrics(y_true=test_y, y_pred=y_hat)

# 可视化
p.plot_results(
    y_true=test_y,
    y_pred=y_hat,
    xlabel='时间/h',
    ylabel=f'{name_var}/{name_unit}',
    fig_name=f'{name_model}_预测曲线'
)
p.plot_parity(
    y_true=test_y,
    y_pred=y_hat,
    xlabel=f'观测值/{name_unit}',
    ylabel=f'预测值/{name_unit}',
    fig_name=f'{name_model}_Parity'
)
```

2. 结果分析

预测代码的执行结果在输出 3-5 中给出。

输出 3-5　随机森林(RF)回归 $PM_{2.5}$ 浓度预测

```
# ch3/ch3_5_ensemble/ch3_5_1_rf/rf.ipynb (执行输出)
train.shape=(498, 6), test.shape=(217, 6)
train_x.shape=(498, 5), train_y.shape=(498, 1)
```

```
test_x.shape=(217, 5), test_y.shape=(217, 1)
train_x_n.shape=(498, 5), train_y_n.shape=(498, 1)
test_x_n.shape=(217, 5), test_y_n.shape=(217, 1)

model.feature_importances_=
array([0.01509357, 0.01496186, 0.01562599, 0.01961392, 0.93470467])

mse=15.811
rmse=3.976
mae=2.867
mape=17.708%
sde=3.966
r2=0.844
pcc=0.923
```

图 3-11 和图 3-12 分别为 RF 回归模型的预测结果曲线图和预测结果 Parity Plot 图。

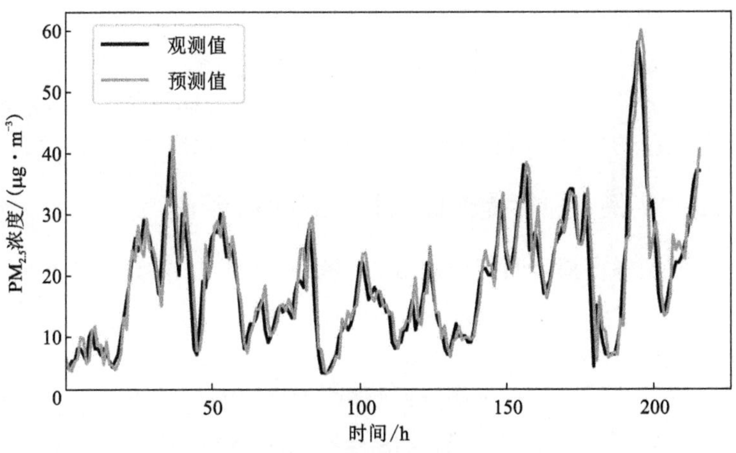

图 3-11　预测结果曲线图：RF

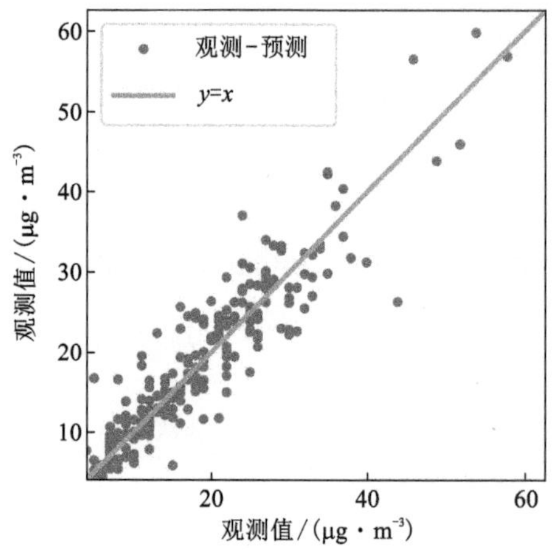

图 3-12 预测结果 Parity Plot 图：RF

3.7 梯度提升回归树

3.7.1 模型介绍

梯度提升回归树(gradient boosting regression tree，GBRT)是基于 Boosting 集成的树模型，通过迭代多个回归树综合得到预测结果[29]。梯度提升(gradient boosting，GB)引导迭代朝着减小上一个模型残差的方向发展，在残差减少的梯度方向上建立新的模型，所有回归树的输出累加即为最终预测[30]。

3.7.2 实例：梯度提升回归树(GBRT)预测

本案例使用梯度提升回归树(GBRT)模型对 $PM_{2.5}$ 浓度时间序列进行建模预测。

1. 案例代码

代码 3-7 给出了使用梯度提升回归树模型对 $PM_{2.5}$ 浓度进行预测的基本流程。1~21 行导入所需模块并设置绘图参数；23~52 行依次导入数据文件、构建监督学习样本、划分训练测试集并归一化样本；54~65 行初始化 GBRT 模型对象；67~71 行对 GBRT 模型进行训练并打印出模型给出的特征重要性；73~80 行依次完成模型测试和误差评价；82~96 行对预测结果进行可视化。

代码 3-7　梯度提升回归树(GBRT)$PM_{2.5}$浓度预测

```
# ch3/ch3_5_ensemble/ch3_5_2_gbrt/gbrt.ipynb
# 标准库
import sys

# 第三方库
import numpy as np
import pandas as pd
from sklearn.preprocessing import MinMaxScaler
from sklearn.ensemble import GradientBoostingRegressor

# 自定义模块
sys.path.append('./../../../')
import utils.dataset as d
import utils.metrics as m
import utils.plot as p

# 绘图参数
name_model = 'GBRT'
name_var = '$PM_{2.5}浓度$'
name_unit = '($\mu g · m^{-3}$)'
p.set_matplotlib(plot_dpi=80, save_dpi=600, font_size=12)

# 数据读取和统计分析
data = pd.read_csv('./../../data/data_pm2_5.csv')
series = data['PM2_5'].values[:, np.newaxis]
ratio_train = 0.7  # 训练样本比例
num_train = int(len(series)*ratio_train)  # 训练样本数量

```

```
# 监督学习样本构建
H = 5
S = 1
train = d.series_to_supervised(series[0:num_train], H, S)  # [num_train, H+1]
test = d.series_to_supervised(series[num_train-H:], H, S)  # [num_test, H+1]
print(f"{train.shape=}, {test.shape=}")
# 训练测试样本划分
train_x = train.iloc[:, :-1].values  # [num_train, H]
train_y = train.iloc[:, -1].values[:, np.newaxis]  # [num_train, 1]
test_x = test.iloc[:, :-1].values  # [num_test, H]
test_y = test.iloc[:, -1].values[:, np.newaxis]  # [num_test, 1]
print(f'{train_x.shape=}, {train_y.shape=}')
print(f'{test_x.shape=}, {test_y.shape=}')
# 样本归一化
x_scalar = MinMaxScaler(feature_range=(0, 1))
y_scalar = MinMaxScaler(feature_range=(0, 1))
train_x_n = x_scalar.fit_transform(train_x)  # [num_train, H]
test_x_n = x_scalar.transform(test_x)  # [num_test, H]
train_y_n = y_scalar.fit_transform(train_y)  # [num_train, 1]
test_y_n = y_scalar.transform(test_y)  # [num_test, 1]
print(f'{train_x_n.shape=}, {train_y_n.shape=}')
print(f'{test_x_n.shape=}, {test_y_n.shape=}')
# 梯度提升回归树模型
model = GradientBoostingRegressor(
    loss='ls',  # 损失函数
    learning_rate=0.1,  # 学习率
```

```
    n_estimators=100,  # 树的数量
    subsample=1.0,  # 用于拟合单个基模型的样本比例
    criterion='friedman_mse',  # 衡量分支质量的指标
    max_depth=None,  # 各回归模型的最大深度
    min_samples_split=2,  # 划分内部节点需要的最小样本数量
    min_samples_leaf=1,  # 叶节点需要的最小样本数
    verbose=False,  # 是否输出训练过程细节
)

# 训练
model.fit(train_x_n, train_y_n.ravel())

# 模型参数查看
print(f'{model.feature_importances_=}')  # 各特征对模型的重要性

# 测试
y_hat_n = model.predict(test_x_n)
y_hat_n = y_hat_n.reshape(-1, 1)
y_hat = y_scalar.inverse_transform(y_hat_n)  # [num_test, 1]

# 测试集-误差计算
print()
m.all_metrics(y_true=test_y, y_pred=y_hat)

# 可视化
p.plot_results(
    y_true=test_y,
    y_pred=y_hat,
    xlabel='时间/h',
```

```
    ylabel=f'{name_var}/{name_unit}',
    fig_name=f'{name_model}_预测曲线'
)
p.plot_parity(
    y_true=test_y,
    y_pred=y_hat,
    xlabel=f'观测值/{name_unit}',
    ylabel=f'预测值/{name_unit}',
    fig_name=f'{name_model}_Parity'
)
```

2. 结果分析

预测代码的执行结果在输出 3-6 中给出。

输出 3-6　梯度提升回归树(GBRT)$PM_{2.5}$ 浓度预测

```
# ch3/ch3_5_ensemble/ch3_5_2_gbrt/gbrt.ipynb (执行输出)
train.shape=(498, 6), test.shape=(217, 6)
train_x.shape=(498, 5), train_y.shape=(498, 1)
test_x.shape=(217, 5), test_y.shape=(217, 1)
train_x_n.shape=(498, 5), train_y_n.shape=(498, 1)
test_x_n.shape=(217, 5), test_y_n.shape=(217, 1)

model.feature_importances_=
array([0.0217158 , 0.0183881 , 0.01535312, 0.0213086 , 0.92323438])

mse=24.286
rmse=4.928
mae=3.669
mape=22.669%
sde=4.904
```

```
r2=0.760
pcc=0.894
```

图 3-13 和图 3-14 分别为 GBRT 模型的预测结果曲线图和预测结果 Parity Plot 图。

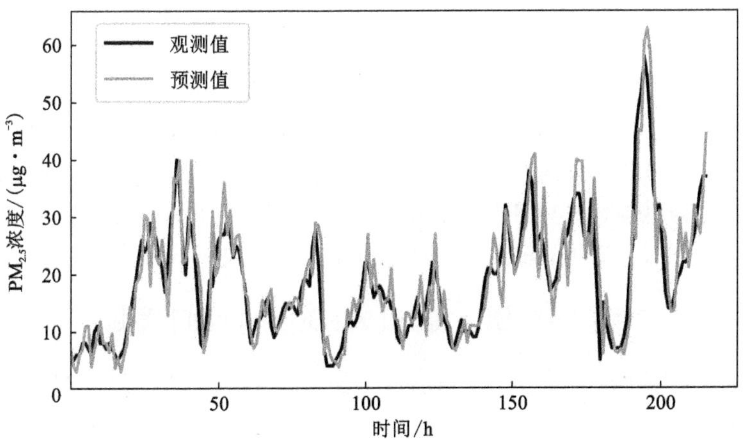

图 3-13　预测结果曲线图：GBRT

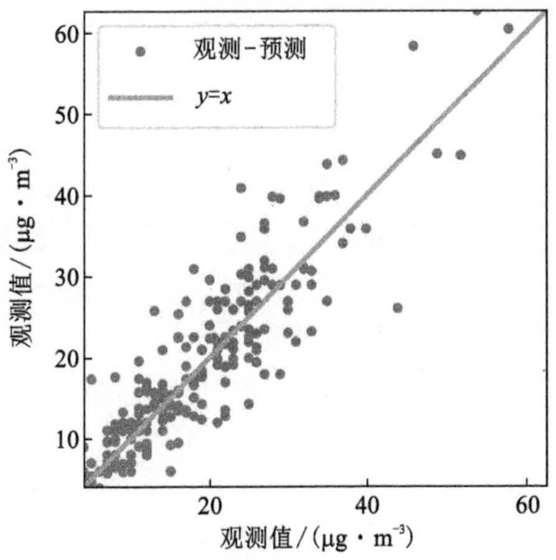

图 3-14　预测结果 Parity Plot 图：GBRT

3.8 极度梯度提升回归

3.8.1 模型介绍

极度梯度提升(extreme gradient boosting, XGBoost)是基于 Boosting 框架的集成树模型，由于其在精度、并行效率和缺失值处理等方面的优越性，被广泛应用至各类任务中[31]。XGBoost 与传统梯度提升决策树(gradient boosting decision tree, GBDT)不同，后者在优化时只用到一阶导数信息，而 XGBoost 则对目标函数中的经验风险项进行了二阶泰勒展开，并加入了结构风险正则项，用于控制模型中所有 CART 的复杂度。正则项降低了模型的方差，并能显著防止过拟合，这也是 XGBoost 优于传统 GBDT 的一个特性[32]。

3.8.2 实例：极度梯度提升(XGBosst)回归预测

本案例使用极度梯度提升(XGBosst)回归模型对 $PM_{2.5}$ 浓度时间序列进行建模预测。

在 XGBoost 的应用中引入了随机参数优化，用于优化模型的超参数。为了评估参数优化结果且不发生数据泄露，在训练集中额外划分出了 20%的数据作为验证集。模型超参数优化采用 sklearn 中的 RandomizedSearchCV 模块，待优化的超参数包括：XGBoost 的最大深度(max_depth)、叶子节点的最小权重和(min_child_weight)、样本抽样比例(subsample)、特征抽样比例(colsample_bytree)、L1 正则化系数(reg_alpha)和 L2 正则化系数(reg_lambda)。

在 5 折交叉验证下，获取最优参数后进一步得到在验证集上的最优迭代次数，并基于最优超参数和最优迭代次数用包含验证集的全量训练数据重新训练模型，得到的模型将用于最终的模型测试。

本案例需要使用 XGBoost 的 Python 库，使用以下指令安装：

```
pip install xgboost
```

1. 案例代码

代码 3-8 给出了使用极度梯度提升回归模型对 $PM_{2.5}$ 浓度进行预测的基本流程。1~24 行导入代码中将使用到的 Python 库及模块并设置全局绘图参数；26~36 行依次完成数据读取、监督学习样本构建和训练测试样本划分；38~43 行从训练集中进一步划分出验证集用于超参数优化过程中的泛化性能评估；

45~54 行依次对训练、验证和测试样本进行特征及标签的划分；56~67 行对各数据集进行归一化变换；69~73 行初步给出部分训练参数，包括指定验证集及训练过程输出情况；75~83 行给出待搜索的超参数及其取值范围；85~91 行初始化 XGBoost 回归模型对象；93~104 行构建随机搜索交叉验证对象，指定 5 折交叉验证并使用全部计算资源；106~113 行开始超参数搜索过程并打印出最优模型对应的得分及参数；115~118 行使用最优参数重新初始化 XGBoost 回归模型对象；120~126 行使用训练集对最优模型进行重新训练并得到其最优迭代次数；128~136 行再次初始化最优模型，并同时使用训练集和验证集构成新训练集对最优模型进行训练；138~145 行对训练得到的模型进行测试并计算误差评价指标；147~161 行对预测结果进行可视化。

代码 3-8　极度梯度提升(XGBoost)回归 $PM_{2.5}$ 浓度预测

```
1. # ch3/ch3_5_ensemble/ch3_5_3_xgboost/xgboost.ipynb
2. # 标准库
3. import sys
4.
5. # 第三方库
6. import numpy as np
7. import pandas as pd
8. import xgboost as xgb
9. from scipy.stats import randint as sp_randint
10. from scipy.stats import uniform as sp_uniform
11. from sklearn.preprocessing import MinMaxScaler
12. from sklearn.model_selection import RandomizedSearchCV
13.
14. # 自定义模块
15. sys.path.append('./../../../')
16. import utils.dataset as d
17. import utils.metrics as m
18. import utils.plot as p
```

```python

# 绘图参数
p.set_matplotlib(plot_dpi=80, save_dpi=600, font_size=12)
name_model = 'XGBoost'
name_var = '$ PM_{2.5}浓度 $'
name_unit = '( $ \mu g·m^{-3} $ )'

# 数据读取和统计分析
data = pd.read_csv('./../../data/data_pm2_5.csv')
series = data['PM2_5'].values[:, np.newaxis]
ratio_train = 0.8  # 训练样本比例
num_train = int(len(series)*ratio_train)  # 训练样本数量

# 监督学习样本构建
H = 5
S = 1
train = d.series_to_supervised(series[0:num_train], H, S)  # [num_train, H+1]
test = d.series_to_supervised(series[num_train-H:], H, S)  # [num_test, H+1]

# 训练集划分出验证集用于超参数优化
ratio_val = 0.2  # 验证集样本比例
num_val = int(num_train*ratio_val)  # 验证集样本数量
val = train.iloc[-num_val:, :]
train = train.iloc[:-num_val, :]
print(f"{train.shape=}, {val.shape=}, {test.shape=}")

# 样本划分
train_x = train.iloc[:, :-1].values  # [num_train-num_val, H]
train_y = train.iloc[:, -1].values[:, np.newaxis]  # [num_train-num_val, 1]
```

```python
val_x = val.iloc[:, :-1].values  # [num_val, H]
val_y = val.iloc[:, -1].values[:, np.newaxis]  # [num_val, 1]
test_x = test.iloc[:, :-1].values  # [num_test, H]
test_y = test.iloc[:, -1].values[:, np.newaxis]  # [num_test, 1]
print(f'{train_x.shape=}, {train_y.shape=}')
print(f'{val_x.shape=}, {val_y.shape=}')
print(f'{test_x.shape=}, {test_y.shape=}')

# 样本归一化
x_scalar = MinMaxScaler(feature_range=(0, 1))
y_scalar = MinMaxScaler(feature_range=(0, 1))
train_x_n = x_scalar.fit_transform(train_x)  # [num_train-num_val, H]
val_x_n = x_scalar.transform(val_x)  # [num_val, H]
test_x_n = x_scalar.transform(test_x)  # [num_test, H]
train_y_n = y_scalar.fit_transform(train_y).ravel()  # [num_train-num_val,]
val_y_n = y_scalar.transform(val_y).ravel()  # [num_val,]
test_y_n = y_scalar.transform(test_y).ravel()  # [num_test,]
print(f'{train_x_n.shape=}, {train_y_n.shape=}')
print(f'{val_x_n.shape=}, {val_y_n.shape=}')
print(f'{test_x_n.shape=}, {test_y_n.shape=}')

# 训练参数
fit_params = {
    'eval_set': [(val_x_n, val_y_n)],
    'verbose': False
}

# 待搜索超参数
parameter_search = {
```

```
        'max_depth': sp_randint(2, 10),
        'min_child_weight': [1e-4, 1e-3, 1e-2, 1e-1, 1, 1e1, 1e2, 1e3, 1e4],
        'subsample': sp_uniform(loc=0.2, scale=0.8),
        'colsample_bytree': sp_uniform(loc=0.2, scale=0.8),
        'reg_alpha': [0, 1e-1, 1, 2, 5, 10],
        'reg_lambda': [0, 1e-1, 1, 2, 5, 10]
}

# XGBoost 回归模型
model = xgb.XGBRegressor(
        random_state=None,
        n_jobs=-1,
        n_estimators=10000,
        early_stopping_rounds=20
)

# 随机搜索
random_search = RandomizedSearchCV(
        estimator=model,
        param_distributions=parameter_search,
        n_iter=20,
        scoring='neg_mean_squared_error',
        cv=5,
        refit=True,
        random_state=None,
        verbose=True,
        n_jobs=-1
)

```

```
# 开始超参搜索
random_search.fit(
    train_x_n,
    train_y_n,
    **fit_params
)
print(f'最优验证集分数为{random_search.best_score_=}')
print(f'对应的模型参数为{random_search.best_params_=}')

# 以最优超参数初始化 XGBoost 回归模型
parameter_optimal = random_search.best_params_
model_optimal = xgb.XGBRegressor(**model.get_params())
model_optimal.set_params(**parameter_optimal)

# 得到最优迭代次数
best_iteration = model_optimal.fit(
    train_x_n,
    train_y_n,
    **fit_params
).best_iteration
print(f'最优迭代次数为{best_iteration=}')

# 用包含验证集的全量数据重新训练模型
model_optimal = xgb.XGBRegressor(**model.get_params())
model_optimal.set_params(**parameter_optimal)
model_optimal.set_params(**{'early_stopping_rounds': None})
model_optimal.set_params(**{'n_estimators': best_iteration})
model_optimal.fit(
    np.vstack((train_x_n, val_x_n)),
```

```
    np.hstack((train_y_n, val_y_n))
)

# 测试
y_hat_n = model_optimal.predict(test_x_n)
y_hat_n = y_hat_n.reshape(-1, 1)
y_hat = y_scalar.inverse_transform(y_hat_n)  # [num_test, 1]

# 测试集-误差计算
print()
m.all_metrics(y_true=test_y, y_pred=y_hat)

# 可视化
p.plot_results(
    y_true=test_y,
    y_pred=y_hat,
    xlabel='时间/h',
    ylabel=f'{name_var}/{name_unit}',
    fig_name=f'{name_model}_预测曲线'
)
p.plot_parity(
    y_true=test_y,
    y_pred=y_hat,
    xlabel=f'观测值/{name_unit}',
    ylabel=f'预测值/{name_unit}',
    fig_name=f'{name_model}_Parity'
)
```

2. 结果分析

预测代码的执行结果在输出 3-7 中给出。

输出 3-7　极度梯度提升(XGBoost)回归 $PM_{2.5}$ 浓度预测

```
# ch3/ch3_5_ensemble/ch3_5_3_xgboost/xgboost.ipynb (执行输出)
train.shape=(456, 6), val.shape=(115, 6), test.shape=(144, 6)
train_x.shape=(456, 5), train_y.shape=(456, 1)
val_x.shape=(115, 5), val_y.shape=(115, 1)
test_x.shape=(144, 5), test_y.shape=(144, 1)
train_x_n.shape=(456, 5), train_y_n.shape=(456, )
val_x_n.shape=(115, 5), val_y_n.shape=(115, )
test_x_n.shape=(144, 5), test_y_n.shape=(144, )


Fitting 5 folds for each of 20 candidates, totalling 100 fits
最优验证集分数为 random_search.best_score_=-0.011132451732342032
对应的模型参数为 random_search.best_params_=
{'colsample_bytree': 0.891357273077215, 'max_depth': 6, 'min_child_weight': 0.1, 'reg_alpha':
0.1, 'reg_lambda': 0, 'subsample': 0.6530455646114453}
最优迭代次数为 best_iteration=19


mse=16.825
rmse=4.102
mae=2.903
mape=17.186%
sde=4.099
r2=0.847
pcc=0.921
```

图 3-15 和图 3-16 分别为 XGBoost 回归模型的预测结果曲线图和预测结果 Parity Plot 图。

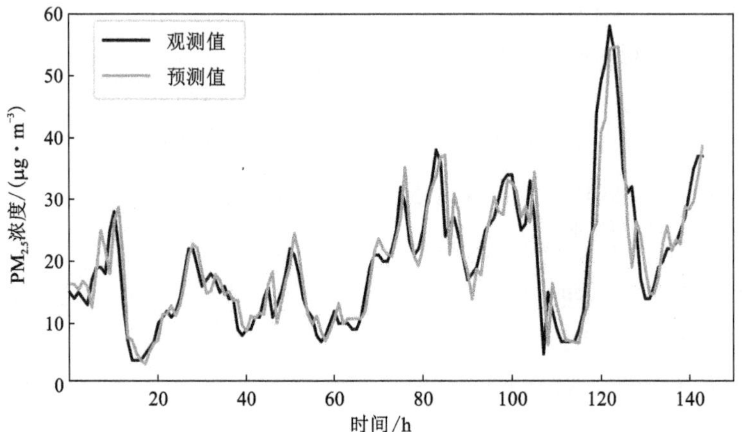

图 3-15　预测结果曲线图：XGBoost

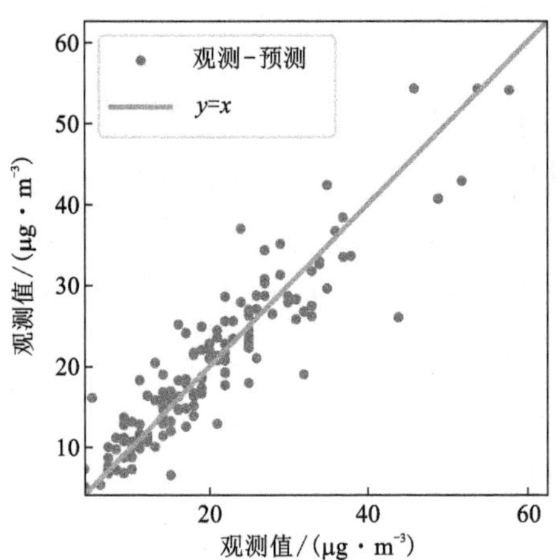

图 3-16　预测结果 Parity Plot 图：XGBoost

3.9 轻量梯度提升机回归

3.9.1 模型介绍

轻量梯度提升机(light gradient boosting machine，LightGBM)的设计初衷是缩短计算时间并提高计算效率，它和 XGBoost 的区别在于以下三个方面[33]：首先，XGBoost 采用按层生长的分裂策略，而 LightGBM 采用了按叶子节点的分裂策略。XGBoost 不考虑节点增益，对每一层所有节点做无差别分裂，而 LightGBM 是在当前所有叶子节点中选择分裂收益最大的节点，因此学习速度更快。其次，LightGBM 通过基于梯度的单边采样（gradient-based one-side sampling，GOSS）根据样本梯度来对梯度小的样本进行采样，而保留梯度大的样本，进而实现减少样本、加速模型训练。此外，LightGBM 通过互斥特征捆绑（exclusive feature bundling，EFB）将一些很少同时出现非 0 值，类似独热编码的特征捆绑在一起，形成一个新特征，进而实现减少特征数、加速模型训练[34]。

3.9.2　实例：轻量梯度提升机（LightGBM）回归预测

本案例使用轻量梯度提升机（LightGBM）回归模型对 $PM_{2.5}$ 浓度时间序列进行建模预测。

在 LightGBM 的应用中引入了随机参数优化模块，用于优化模型的超参数。为了评估参数优化结果且不产生数据泄露，在训练集中额外划分出了 20%数据作为验证集。模型超参数优化采用 sklearn 中的 RandomizedSearchCV 模块，待优化的超参数包括：LightGBM 的叶子节点数量（num_leaves）、叶子节点的最小数据量（min_child_samples）、叶子节点的最小权重和（min_child_weight）、样本抽样比例（subsample）、特征抽样比例（colsample_bytree）、L1 正则化系数（reg_alpha）和 L2 正则化系数（reg_lambda）。

由于 LightGBM 采用按叶子节点的分裂策略，相对于 XGBoost 更加容易过拟合，因此没有对最大深度进行直接设定，而是采用早停法根据验证集精度提前中断模型训练，确保模型不发生过拟合。

本案例需要使用 LightGBM 的 Python 库，使用以下指令安装：

```
pip install lightgbm
```

1. 案例代码

代码 3-9 给出了使用轻量梯度提升机回归模型对 $PM_{2.5}$ 浓度进行预测的基本流程。1～24 行首先导入各类 Python 库及模块，随后设置全局绘图参数；26～36 行依次完成数据读取、训练测试划分和监督学习样本构建；38～43 行从训练集中进一步划分得到验证集用于超参数优化过程中的模型评价；45～54 行对各数据集的特征及标签进行划分；56～67 行对各数据集进行归一化处理；69～74 行指定部分训练参数；76～85 行给出待搜索参数及对应搜索范围；87～93 行初始化 LightGBM 回归模型对象；95～106 行构建随机搜索交叉验证对象，指定 5 折交叉验证并使用全部可用计算资源；108～115 行开始超参数随机搜索过程并在搜索结束时打印最优模型得分及其对应的参数；117～120 行以最优参数重新初始化 LightGBM 回归模型对象；122～128 行使用训练集对最优模型进行再训练并获取最优迭代次数；130～137 行再次使用最优参数初始化 LightGBM 回归模型对象，并使用训练集和验证集构建新的训练集用于最优模型训练；139～146 行对模型进行测试并计算测试结果的误差指标；148～162 行对预测结果进行可视化。

代码 3-9　轻量梯度提升机(LightGBM)回归 $PM_{2.5}$ 浓度预测

```
1. # ch3/ch3_5_ensemble/ch3_5_4_lightgbm/lightgbm.ipynb
2. # 标准库
3. import sys
4.
5. # 第三方库
6. import numpy as np
7. import pandas as pd
8. import lightgbm as lgb
9. from scipy.stats import randint as sp_randint
10. from scipy.stats import uniform as sp_uniform
11. from sklearn.preprocessing import MinMaxScaler
12. from sklearn.model_selection import RandomizedSearchCV
13.
14. # 自定义模块
15. sys.path.append('./../../../')
16. import utils.dataset as d
17. import utils.metrics as m
18. import utils.plot as p
19.
20. # 绘图参数
21. p.set_matplotlib(plot_dpi=80, save_dpi=600, font_size=12)
22. name_model = 'LightGBM'
```

```
name_var = '$ PM_{2.5}浓度 $'
name_unit = '($ \mu g · m^{-3} $)'

# 数据读取和统计分析
data = pd.read_csv('./../../data/data_pm2_5.csv')
series = data['PM2_5'].values[:, np.newaxis]
ratio_train = 0.8  # 训练样本比例
num_train = int(len(series)*ratio_train)  # 训练样本数量

# 监督学习样本构建
H = 5
S = 1
train = d.series_to_supervised(series[0:num_train], H, S)  # [num_train, H+1]
test = d.series_to_supervised(series[num_train-H:], H, S)  # [num_test, H+1]

# 训练集划分出验证集用于超参数优化
ratio_val = 0.2  # 验证集样本比例
num_val = int(num_train*ratio_val)  # 验证集样本数量
val = train.iloc[-num_val:, :]
train = train.iloc[:-num_val, :]
print(f"{train.shape=}, {val.shape=}, {test.shape=}")

# 样本划分
train_x = train.iloc[:, :-1].values  # [num_train-num_val, H]
train_y = train.iloc[:, -1].values[:, np.newaxis]  # [num_train-num_val,1]
val_x = val.iloc[:, :-1].values  # [num_val, H]
val_y = val.iloc[:, -1].values[:, np.newaxis]  # [num_val, 1]
test_x = test.iloc[:, :-1].values  # [num_test, H]
test_y = test.iloc[:, -1].values[:, np.newaxis]  # [num_test, 1]
```

```
print(f'{train_x.shape=}, {train_y.shape=}')
print(f'{val_x.shape=}, {val_y.shape=}')
print(f'{test_x.shape=}, {test_y.shape=}')

# 样本归一化
x_scalar = MinMaxScaler(feature_range=(0, 1))
y_scalar = MinMaxScaler(feature_range=(0, 1))
train_x_n = x_scalar.fit_transform(train_x)  # [num_train-num_val, H]
val_x_n = x_scalar.transform(val_x)  # [num_val, H]
test_x_n = x_scalar.transform(test_x)  # [num_test, H]
train_y_n = y_scalar.fit_transform(train_y).ravel()  # [num_train-num_val,]
val_y_n = y_scalar.transform(val_y).ravel()  # [num_val,]
test_y_n = y_scalar.transform(test_y).ravel()  # [num_test,]
print(f'{train_x_n.shape=}, {train_y_n.shape=}')
print(f'{val_x_n.shape=}, {val_y_n.shape=}')
print(f'{test_x_n.shape=}, {test_y_n.shape=}')

# 训练参数
fit_params = {
    'callbacks': [lgb.early_stopping(stopping_rounds=30)],
    'eval_set': [(val_x_n, val_y_n)],
    'eval_names': ['valid']
}

# 待搜索超参数
parameter_search = {
    'num_leaves': sp_randint(3, 50),
    'min_child_samples': sp_randint(10, 500),
    'min_child_weight': [1e-4, 1e-3, 1e-2, 1e-1, 1, 1e1, 1e2, 1e3, 1e4],
```

```
    'subsample': sp_uniform(loc=0.2, scale=0.8),
    'colsample_bytree': sp_uniform(loc=0.2, scale=0.8),
    'reg_alpha': [0, 1e-1, 1, 2, 5, 10],
    'reg_lambda': [0, 1e-1, 1, 2, 5, 10]
}

# LightGBM 回归模型
model = lgb.LGBMRegressor(
    max_depth=-1,
    random_state=None,
    n_jobs=-1,
    n_estimators=10000
)

# 随机搜索
random_search = RandomizedSearchCV(
    estimator=model,
    param_distributions=parameter_search,
    n_iter=20,
    scoring='neg_mean_squared_error',
    cv=5,
    refit=True,
    random_state=None,
    verbose=False,
    n_jobs=-1
)

# 开始超参搜索
random_search.fit(
```

```
        train_x_n,
        train_y_n,
        **fit_params
)
print(f'最优验证集分数为{random_search.best_score_=}')
print(f'对应的模型参数为{random_search.best_params_=}')

# 以最优超参数初始化 LightGBM 回归模型
parameter_optimal = random_search.best_params_
model_optimal = lgb.LGBMRegressor(**model.get_params())
model_optimal.set_params(**parameter_optimal)

# 得到最优迭代次数
best_iteration = model_optimal.fit(
        train_x_n,
        train_y_n,
        **fit_params
).best_iteration_
print(f'最优迭代次数为{best_iteration=}')

# 用包含验证集的全量数据重新训练模型
model_optimal = lgb.LGBMRegressor(**model.get_params())
model_optimal.set_params(**parameter_optimal)
model_optimal.set_params(**{'n_estimators': best_iteration})
model_optimal.fit(
        np.vstack((train_x_n, val_x_n)),
        np.hstack((train_y_n, val_y_n))
)
```

```

# 测试
y_hat_n = model_optimal.predict(test_x_n)
y_hat_n = y_hat_n.reshape(-1, 1)
y_hat = y_scalar.inverse_transform(y_hat_n)   # [num_test, 1]

# 测试集-误差计算
print()
m.all_metrics(y_true=test_y, y_pred=y_hat)

# 可视化
p.plot_results(
        y_true=test_y,
        y_pred=y_hat,
        xlabel='时间/h',
        ylabel=f'{name_var}/{name_unit}',
        fig_name=f'{name_model}_预测曲线'
)
p.plot_parity(
        y_true=test_y,
        y_pred=y_hat,
        xlabel=f'观测值/{name_unit}',
        ylabel=f'预测值/{name_unit}',
        fig_name=f'{name_model}_Parity'
)
```

2. 结果分析

预测代码的执行结果在输出 3-8 中给出。

输出 3-8　轻量梯度提升机(LightGBM)回归 $PM_{2.5}$ 浓度预测

```
# ch3/ch3_5_ensemble/ch3_5_4_lightgbm/lightgbm.ipynb (执行输出)
train.shape=(456, 6), val.shape=(115, 6), test.shape=(144, 6)
train_x.shape=(456, 5), train_y.shape=(456, 1)
val_x.shape=(115, 5), val_y.shape=(115, 1)
test_x.shape=(144, 5), test_y.shape=(144, 1)
train_x_n.shape=(456, 5), train_y_n.shape=(456, )
val_x_n.shape=(115, 5), val_y_n.shape=(115, )
test_x_n.shape=(144, 5), test_y_n.shape=(144, )

Training until validation scores don't improve for 30 rounds
Early stopping, best iteration is:
[304]valid's l2: 0.00235968
最优验证集分数为 random_search.best_score_=-0.013168229017296237
对应的模型参数为 random_search.best_params_=
{'colsample_bytree': 0.5007409704694693, 'min_child_samples': 66, 'min_child_weight': 0.001,
'num_leaves': 27, 'reg_alpha': 0, 'reg_lambda': 5, 'subsample': 0.23459894872494075}
Early stopping, best iteration is:
[304]valid's l2: 0.00235968
最优迭代次数为 best_iteration=304

mse=17.058
rmse=4.130
mae=2.928
mape=17.984%
sde=4.128
r2=0.845
pcc=0.919
```

图 3-17 和图 3-18 分别为 LightGBM 回归模型的预测结果曲线图和预测结果 Parity Plot 图。

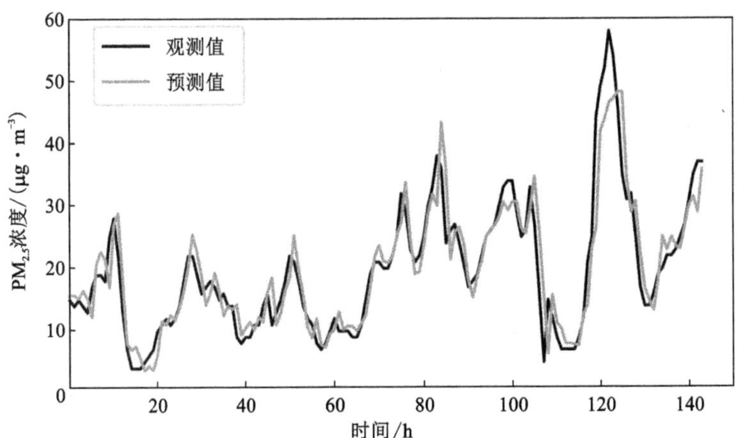

图 3-17　预测结果曲线图：LightGBM

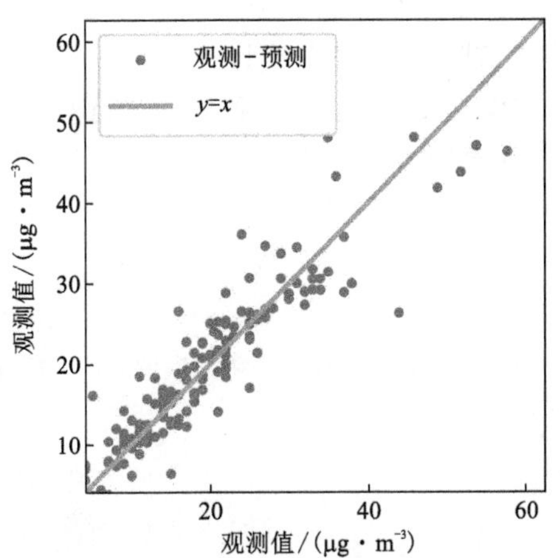

图 3-18　预测结果 Parity Plot 图：LightGBM

3.10　Spark 模型实现

传统机器学习算法由于受到计算和存储资源的限制，往往依靠对数据的抽样来处理，这限制了它们处理大规模数据集的能力。而大数据技术和分布式计算使得机器学习能够处理更大的数据集，从而提高了模型的学习能力和预测精度。

本节将讨论机器学习模型在分布式计算框架 Apache Spark 下的实现方法及其在时间序列分析预测中的应用流程。本节使用 Spark MLlib 内提供的 4 类回归模型对 $PM_{2.5}$ 浓度时间序列进行建模预测，包括多元线性回归模型、决策树回归模型、随机森林回归模型和梯度提升树回归模型。为优化模型性能，本案例对全部模型均进行了超参数优化。

1. 案例代码

代码 3-10 给出了使用 Spark 机器学习框架 MLlib 构建的 $PM_{2.5}$ 浓度预测模型。该代码内同时实现了对多个回归预测模型的构建、超参数优化、训练及测试评估。1~20 行引入了各类 Python 库及自定义模块；22~25 行对绘图参数进行了设置；27~38 行初始化了 Spark 会话并针对 Notebook 环境下的 PySpark 属性进行了设置。40~44 行读入了 $PM_{2.5}$ 原始时间序列数据并向 Spark Dataframe 数据结构内追加了递增的 id 列，随后打印了数据集前 5 个样本做直观展示；46~64 行依次构建监督学习样本并做训练测试样本划分；66~72 行使用字典构建了 4 个回归模型对象；74~102 行针对上述 4 个回归模型分别构建了对应的待搜索参数及其范围；104~131 行依次对各模型进行基于交叉验证的超参数优化，记录各模型超参优化耗时并对模型进行测试；133~153 行依次计算各模型的测试误差并绘制各模型的预测结果图；155~156 行在程序结束时调用 Spark 的 stop 方法以终止 Spark 会话并释放资源。

代码 3-10　Spark MLlib 机器学习模型 $PM_{2.5}$ 浓度预测

```
1. # ch3/ch3_6_spark/spark_mllib.ipynb
2. # 标准库
3. import sys
4. import time
5.
6. # 第三方库
7. from pyspark.sql import SparkSession
8. from pyspark.sql.functions import col, monotonically_increasing_id
9. from pyspark.ml.evaluation import RegressionEvaluator
10. from pyspark.ml.regression import LinearRegression
11. from pyspark.ml.regression import DecisionTreeRegressor
```

```
from pyspark.ml.regression import RandomForestRegressor
from pyspark.ml.regression import GBTRegressor
from pyspark.ml.tuning import CrossValidator, ParamGridBuilder

# 自定义模块
sys.path.append('./../../')
import utils.dataset_spark as d
import utils.metrics_spark as m
import utils.plot as p

# 绘图参数
name_var = '$ PM_{2.5}浓度 $'
name_unit = '($ \mu g · m^{-3} $)'
p.set_matplotlib(plot_dpi=80, save_dpi=600, font_size=12)

# 创建 Spark Session
spark = SparkSession\
    .builder\
    .master('local[*]')\
    .appName('Time Series Forecasting')\
    .getOrCreate()

# 允许 Spark 直接输出显示 Dataframe
spark.conf.set('spark.sql.repl.eagerEval.enabled', True)

# 允许最大显示行数
spark.conf.set('spark.sql.repl.eagerEval.maxNumRows', 10)

# 数据读取和统计分析
```

```
data = spark.read.csv('./../data/data_pm2_5.csv',
                      header='true', inferSchema='true')
data = data.withColumn('id', monotonically_increasing_id())
data.show(5, truncate=False)

# 监督学习样本构建
H = 5
dataset = d.moving_window(data, H, ['PM2_5'])
dataset = dataset\
    .filter(col('id') >= H)\
    .select(
        (col('id')-H+1).alias('id'),
        col('features'),
        col('var0').alias('label')
    )

dataset.show(5, truncate=False)

# 训练测试样本划分
ratio_train = 0.7  # 训练样本比例
num_train = int(data.count()*ratio_train)  # 训练样本数量
train = dataset.filter(col('id') <= num_train-H)
test = dataset.filter(col('id') > num_train-H)
print(f'{train.count()=}, {test.count()=}')

# 模型定义
models = {
    'MLR':  LinearRegression(),
    'DT':  DecisionTreeRegressor(),
```

```
    'RF':   RandomForestRegressor(),
    'GBRT': GBTRegressor()
}

# 网格参数定义
all_grids = {
    'MLR': ParamGridBuilder()
    .addGrid(models['MLR'].maxIter, [100, 200, 300, 400, 500])
    .addGrid(models['MLR'].regParam, [0.1, 0.01, 0.001])
    .addGrid(models['MLR'].elasticNetParam, [0.1*i for i in range(1, 11)])
    .build(),

    'DT':   ParamGridBuilder()
    .addGrid(models['DT'].maxDepth, [10, 20, 30])
    .addGrid(models['DT'].maxBins, [8, 16, 32])
    .addGrid(models['DT'].minInstancesPerNode, [1, 2, 3])
    .addGrid(models['DT'].minInfoGain, [1, 0.1, 0.01])
    .build(),

    'RF': ParamGridBuilder()
    .addGrid(models['RF'].maxDepth, [10, 20, 30])
    .addGrid(models['RF'].maxBins, [8, 16, 32])
    .addGrid(models['RF'].minInstancesPerNode, [1, 2, 3])
    .addGrid(models['RF'].minInfoGain, [1, 0.1, 0.01])
    .build(),

    'GBRT': ParamGridBuilder()
    .addGrid(models['GBRT'].maxDepth, [10, 20, 30])
    .addGrid(models['GBRT'].maxBins, [8, 16, 32])
```

```
    .addGrid(models['GBRT'].minInstancesPerNode, [1, 2, 3])
    .addGrid(models['GBRT'].minInfoGain, [1, 0.1, 0.01])
    .build()
}

# 存储各模型预测结果
all_times = []
all_predictions = []

# 训练测试各模型
for name_model, estimator in models.items():

    # 交叉验证
    cv_estimator = CrossValidator(
        estimator=estimator,
        estimatorParamMaps=all_grids[name_model],
        evaluator=RegressionEvaluator(metricName='mse'),
        numFolds=5,
        parallelism=4  # 若负荷过高或内存溢出可适当降低本参数
    )

    # 训练集-训练
    tic = time.time()
    model = cv_estimator.fit(train)
    toc = time.time() - tic

    # 测试集-测试
    predictions = model.transform(test)

```

```
    # 测试集-误差计算
    print(f'模型:{name_model}训练完成, 用时:{toc:.3f}s')
    all_times.append(toc)
all_predictions.append(predictions)

# 测试集-误差计算
for name_model, predictions in zip(models.keys(), all_predictions):

    print(f'模型:{name_model}')
    m.all_metrics_spark(predictions)

    pred = predictions.toPandas()
    p.plot_results(
        y_true=pred['label'],
        y_pred=pred['prediction'],
        xlabel='时间/h',
        ylabel=f'{name_var}/{name_unit}',
        fig_name=f'{name_model}_预测曲线'
    )
    p.plot_parity(
        y_true=pred['label'],
        y_pred=pred['prediction'],
        xlabel=f'观测值/{name_unit}',
        ylabel=f'预测值/{name_unit}',
        fig_name=f'{name_model}_Parity'
)

# 停止 Spark
spark.stop()
```

2. 结果分析

Spark 中采用的是懒加载方式，因此对 Dataframe 的操作并不会立即进行实际运算，仅是记录了对 Dataframe 的变换流程（存储在一个有向无环图中），当程序显式地要求输出结果时才会真正执行计算流程。预测代码的执行结果在输出 3-9 中给出。

输出 3-9　Spark MLlib 机器学习模型 $PM_{2.5}$ 浓度预测

```
# (执行输出)
+-------------------+------+---+
|Datetime           |PM2_5 |id |
+-------------------+------+---+
|2021-09-01 00:00:00|9.0   |0  |
|2021-09-01 01:00:00|9.0   |1  |
|2021-09-01 02:00:00|10.0  |2  |
|2021-09-01 03:00:00|12.0  |3  |
|2021-09-01 04:00:00|13.0  |4  |
+-------------------+------+---+
only showing top 5 rows


+---+--------------------------+-----+
|id |features                  |label|
+---+--------------------------+-----+
|1  |[13.0, 12.0, 10.0, 9.0, 9.0]  |14.0 |
|2  |[14.0, 13.0, 12.0, 10.0, 9.0] |16.0 |
|3  |[16.0, 14.0, 13.0, 12.0, 10.0]|20.0 |
|4  |[20.0, 16.0, 14.0, 13.0, 12.0]|33.0 |
|5  |[33.0, 20.0, 16.0, 14.0, 13.0]|34.0 |
+---+--------------------------+-----+
only showing top 5 rows


train.count()=498, test.count()=217


模型：MLR 训练完成，用时：31.795s
模型：DT 训练完成，用时：43.780s
```

```
模型：RF 训练完成，用时：79.076s
模型：GBRT 训练完成，用时：204.701s

模型：MLR
mse=12.855
rmse=3.585
mae=2.573
r2=0.873

模型：DT
mse=17.958
rmse=4.238
mae=3.068
r2=0.822

模型：RF
mse=16.155
rmse=4.019
mae=2.924
r2=0.840

模型：GBRT
mse=17.958
rmse=4.238
mae=3.068
r2=0.822
```

图 3-19~图 3-26 分别为由 Spark 实现的 MLR、DT、RF、GBRT 模型的预测结果曲线图和预测结果 Parity Plot 图。

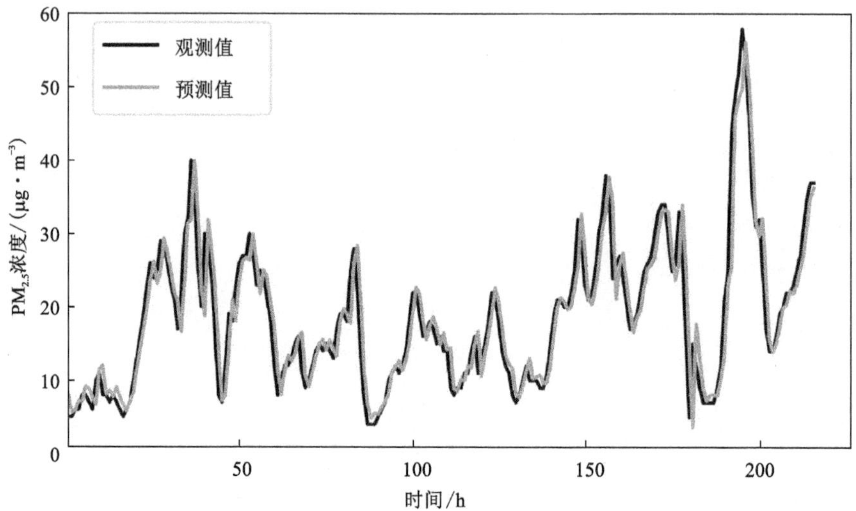

图 3-19 预测结果曲线图：MLR(Spark)

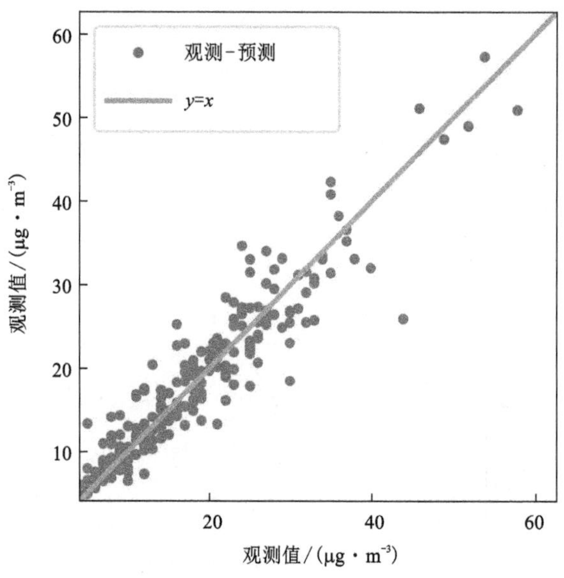

图 3-20 预测结果 Parity Plot 图：MLR(Spark)

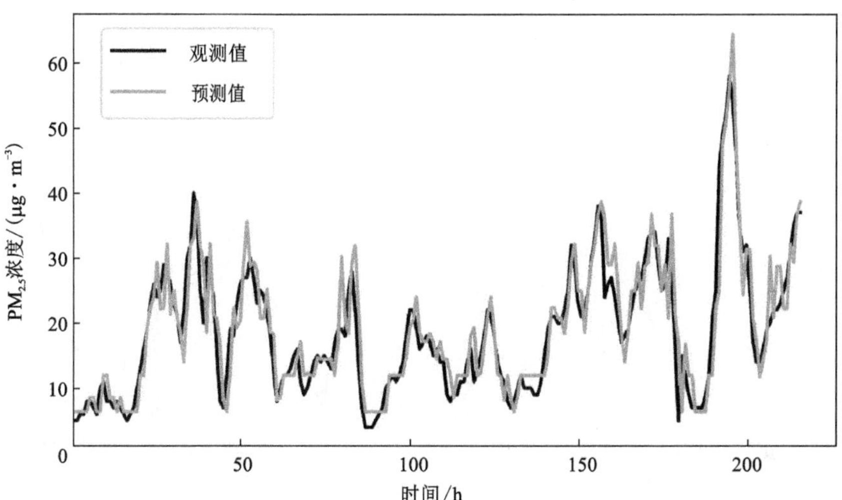

图 3-21　预测结果曲线图：DT(Spark)

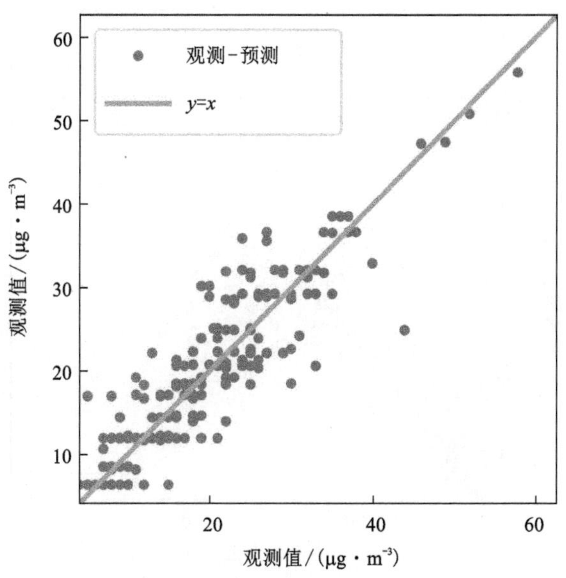

图 3-22　预测结果 Parity Plot 图：DT(Spark)

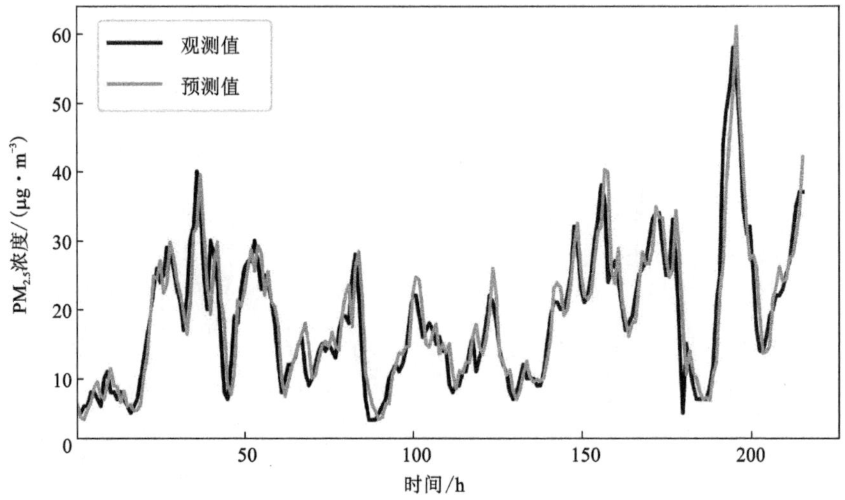

图 3-23 预测结果曲线图：RF(Spark)

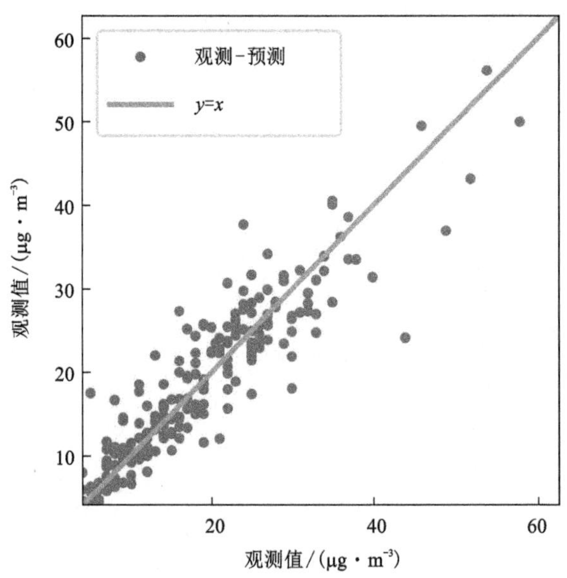

图 3-24 预测结果 Parity Plot 图：RF(Spark)

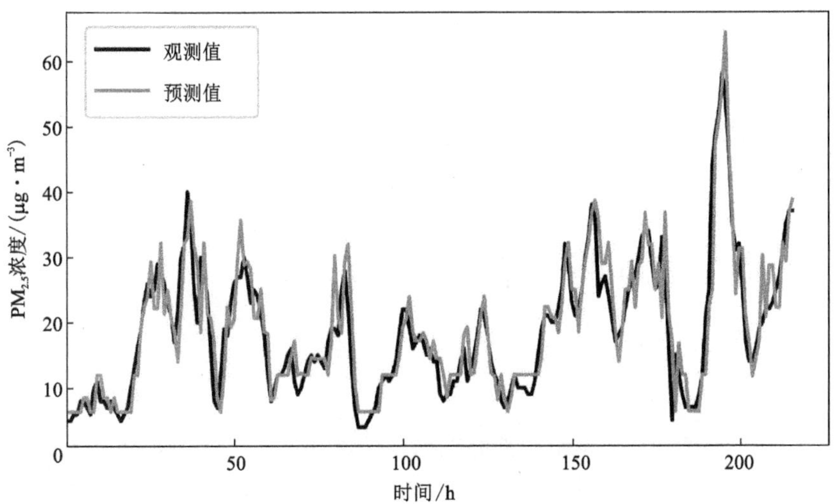

图 3-25　预测结果曲线图：GBRT(Spark)

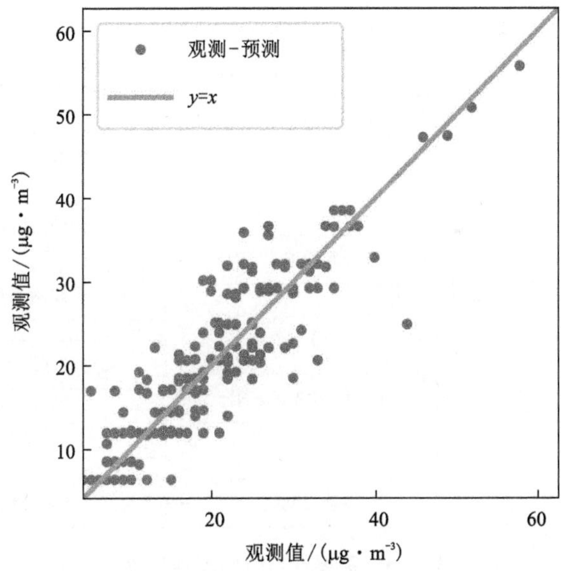

图 3-26　预测结果 Parity Plot 图：GBRT(Spark)

第 4 章

深度学习时间序列分析

本章对深度学习中典型的神经网络模型在时间序列预测任务中的应用进行了介绍，包括前馈神经网络(feedforward neural network，FNN)、循环神经网络(recurrent neural network，RNN)、卷积神经网络(convolutional neural network，CNN)、图神经网络(graph neural network，GNN)和注意力网络(neural network with attention)，如图 4-1 所示。

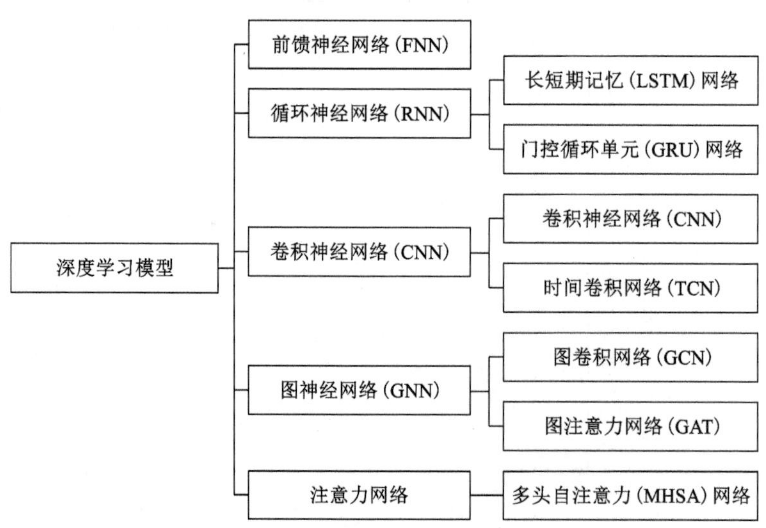

图 4-1　深度学习时间序列分析

深度学习模型通常不要求显式的特征设计，模型具备从原始数据中抽象和提取高层特征/表示的能力。不同的神经网络模型针对不同任务具有特定优势，本章对它们进行综合讨论，以期涵盖时间序列预测任务中可预见的各类挑战。

4.1 前馈神经网络

4.1.1 模型介绍

多层感知机(multi-layer perceptron, MLP)，作为前馈神经网络的一种典型形式，能够高效地拟合非线性函数和解决非线性可分问题[35]。全连接层(fully connected layer, FCL)也被称为密集连接层(densely connected layer, DCL)，是多层感知机的主要组成部分。在全连接层中，后一层中的每个神经元均与前一层中的所有神经元间存在连接。全连接层主要负责特征的提取和解释。MLP 的结构如图 4-2 所示。

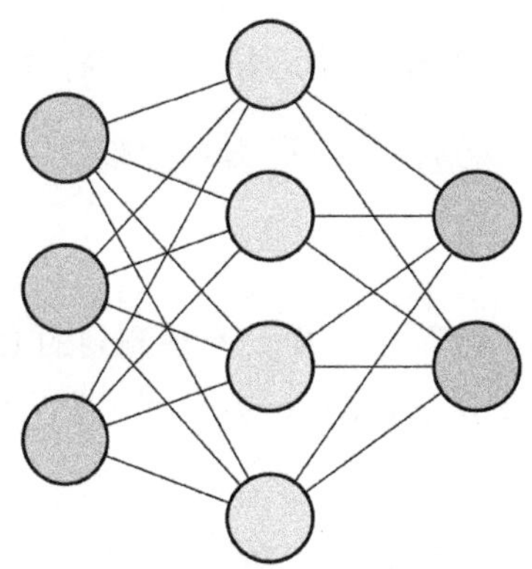

图 4-2　MLP 结构示意图

全连接层内的数据传播流程如式(4-1)所示。

$$\boldsymbol{y}=\sigma(\boldsymbol{W}\cdot\boldsymbol{x}+\boldsymbol{b}) \tag{4-1}$$

式中：$\boldsymbol{x}$ 为该层输入特征；$\boldsymbol{W}$ 为连接权重矩阵；$\boldsymbol{b}$ 为偏置向量；σ 为激活函数；$\boldsymbol{y}$ 为网络层输出特征。

FNN 要求的输入数据维度如图 4-3 所示，在小批量梯度下降①策略下，单个输入批次的维度为 $B\times H$，其中 B 为 batch size，H 为单变量的历史值长度②。

① 共有 3 种梯度下降策略，分别是批量梯度下降、随机梯度下降和小批量梯度下降，综合考虑时间复杂度、空间复杂度、收敛情况、精度等，通常使用小批量梯度下降策略。

② 若为多变量预测任务，可选择将各变量的历史值沿着 H 所在维度进行拼接。

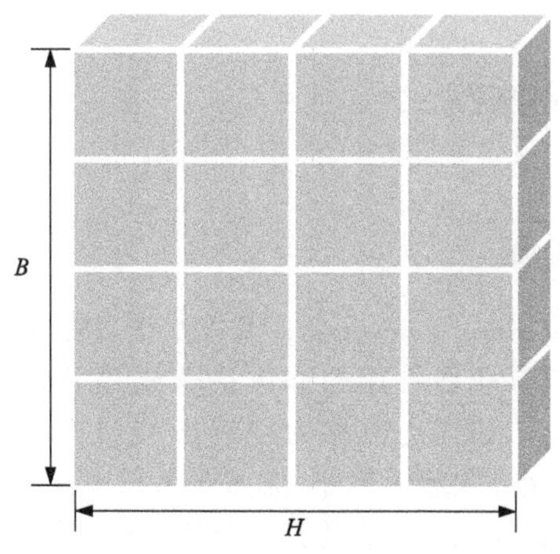

图 4-3 前馈神经网络输入数据维度

4.1.2 实例：前馈神经网络(FNN)太阳黑子预测

本案例使用前馈神经网络(FNN)模型对太阳黑子数量时间序列进行建模预测。

1. 数据集

该数据集记录了 1749 年至 1983 年之间观测到的太阳黑子数量，数据间隔为月，累计 2820 个观测记录，如图 4-4 所示，训练集占比 70%，测试集占比 30%。

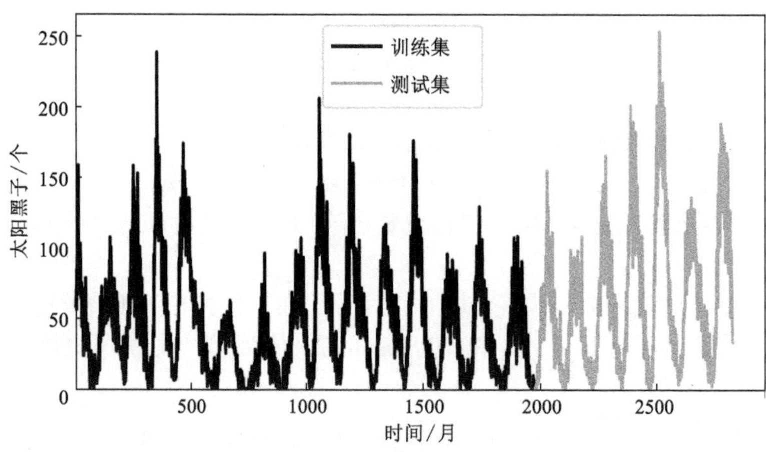

图 4-4 太阳黑子数据及其划分

该序列的统计量如表 4-1 所示。

表 4-1　太阳黑子数据统计量

序列长度	最大值/个	最小值/个	均值/个	标准差/个	偏度	峰度
2820	253.80	0.00	51.27	43.45	1.10	0.98

2. 案例代码

代码 4-1 给出了使用前馈神经网络进行太阳黑子数量预测的实例。1~19 行首先导入 Python 标准库、第三方库和自定义模块等；21~25 行给出了部分绘图参数；27~39 行完成了原始时间序列数据读取，并对时间序列进行了统计量计算和可视化；41~64 行对时间序列数据进行了重构和样本划分，并完成了样本归一化操作；66~70 行定义了 FNN 模型结构；72~88 行定义了优化器和损失函数并对模型进行了编译，此处选择使用优化器和损失函数对象，这样做可以更精确地控制其参数；90~98 行使用训练数据对 FNN 模型进行训练；100~107 行对 FNN 模型结构及各网络层输入输出数据形状和类型进行了可视化；109~117 行依次完成了测试集推理、反归一化和异常值过滤；119~120 行对测试误差进行了评价；122~142 行完成了对训练过程和预测结果的可视化。

代码 4-1　前馈神经网络(FNN)太阳黑子数量预测

```
1. # ch4/ch4_1_fnn/fnn.ipynb
2. # 标准库
3. import sys
4.
5. # 第三方库
6. import numpy as np
7. import pandas as pd
8. from sklearn.preprocessing import MinMaxScaler
9. from tensorflow.keras.models import Sequential
10. from tensorflow.keras.layers import Dense
11. from tensorflow.keras.optimizers import Adam
12. from tensorflow.keras.losses import MeanSquaredError
```

```
from tensorflow.keras.utils import plot_model

# 自定义模块
sys.path.append('./../../')
import utils.dataset as d
import utils.metrics as m
import utils.plot as p

# 绘图参数
name_model = 'FNN'
name_var = '太阳黑子'
name_unit = '个'
p.set_matplotlib(plot_dpi=80, save_dpi=600, font_size=12)

# 数据读取和统计分析
data = pd.read_csv('./data/data_sunspots.csv')
series = data['Sunspots'].values[:, np.newaxis]
ratio_train = 0.7  # 训练样本比例
num_train = int(len(series)*ratio_train)  # 训练样本数量
d.stats(series)
p.plot_dataset(
    train=series[0:num_train],
    test=series[num_train:],
    xlabel='时间/月',
    ylabel=f'{name_var}/{name_unit}',
    fig_name=f'{name_model}_序列'
)

# 监督学习样本构建
H = 6
```

```
S = 1
train = d.series_to_supervised(series[0:num_train], H, S)  # [num_train, H+1]
test = d.series_to_supervised(series[num_train-H:], H, S)  # [num_test, H+1]
print(f"{train.shape=}, {test.shape=}")

# 训练测试样本划分
train_x = train.iloc[:, :-1].values  # [num_train, H]
train_y = train.iloc[:, -1].values[:, np.newaxis]  # [num_train, 1]
test_x = test.iloc[:, :-1].values  # [num_test,  H]
test_y = test.iloc[:, -1].values[:, np.newaxis]  # [num_test,  1]
print(f'{train_x.shape=}, {train_y.shape=}')
print(f'{test_x.shape=}, {test_y.shape=}')

# 样本归一化
x_scalar = MinMaxScaler(feature_range=(0, 1))
y_scalar = MinMaxScaler(feature_range=(0, 1))
train_x_n = x_scalar.fit_transform(train_x)  # [num_train, H]
test_x_n = x_scalar.transform(test_x)  # [num_test,  H]
train_y_n = y_scalar.fit_transform(train_y)  # [num_train, 1]
test_y_n = y_scalar.transform(test_y)  # [num_test,  1]
print(f'{train_x_n.shape=}, {train_y_n.shape=}')
print(f'{test_x_n.shape=}, {test_y_n.shape=}')

# 模型构建
model = Sequential()
model.add(Dense(64, activation='relu'))  # Dense 层
model.add(Dense(64, activation='relu'))  # Dense 层
model.add(Dense(1, activation='linear'))  # 输出层

# 优化器
```

```
opt = Adam(
        learning_rate=0.001,
        beta_1=0.9,
        beta_2=0.999,
        epsilon=1e-7,
        amsgrad=False
)

# 损失函数
loss = MeanSquaredError()

# 模型编译
model.compile(  # 使用对象/实例初始化
        optimizer=opt,
        loss=loss
)

# 训练集-训练
history = model.fit(
        train_x_n,  # 训练集特征
        train_y_n,  # 训练集标签
        epochs=100,  # 迭代次数
        batch_size=16,  # Mini-Batch
        verbose=0,  # 不显示过程
        shuffle=False,  # 不打乱样本
)

# 模型查看
plot_model(
        model,
```

```
    to_file=f'./fig/{name_model}_模型结构.jpg',
    show_shapes=True,  # 显示数据维度/形状
    show_dtype=True,  # 显示数据类型
    dpi=600
)

# 测试集-预测
y_hat_n = model.predict(
    test_x_n,  # 测试集特征
    verbose=0  # 不显示过程
)
y_hat = y_scalar.inverse_transform(y_hat_n)  # [num_test, 1]

# 去除异常值
y_hat[np.where(y_hat < 0)] = 0  # 防止出现负计数

# 测试集-误差计算
m.all_metrics(y_true=test_y, y_pred=y_hat)

# 可视化
p.plot_losses(
    train_loss=history.history['loss'],
    xlabel='迭代/次',
    ylabel='损失',
    fig_name=f'{name_model}_损失'
)
p.plot_results(
    y_true=test_y,
    y_pred=y_hat,
    xlabel='时间/月',
```

```
        ylabel=f'{name_var}/{name_unit}',
        fig_name=f'{name_model}_预测曲线'
)
p.plot_parity(
        y_true=test_y,
        y_pred=y_hat,
        xlabel=f'观测值/{name_unit}',
        ylabel=f'预测值/{name_unit}',
        fig_name=f'{name_model}_Parity'
)
```

3. 结果分析

预测代码的执行结果在输出 4-1 中给出。

输出 4-1　前馈神经网络(FNN)太阳黑子数量预测

```
# ch4/ch4_1_fnn/fnn.ipynb (执行输出)
train.shape=(1967, 7), test.shape=(847, 7)
train_x.shape=(1967, 6), train_y.shape=(1967, 1)
test_x.shape=(847, 6), test_y.shape=(847, 1)
train_x_n.shape=(1967, 6), train_y_n.shape=(1967, 1)
test_x_n.shape=(847, 6), test_y_n.shape=(847, 1)


mse=373.923
rmse=19.337
mae=13.563
mape=801030035892736.500%
sde=18.915
r2=0.859
pcc=0.932
```

代码中绘制的各类图形如图 4-5～图 4-8 所示，分别为模型结构图、训练损失曲线图、预测结果曲线图和预测结果 Parity Plot 图。

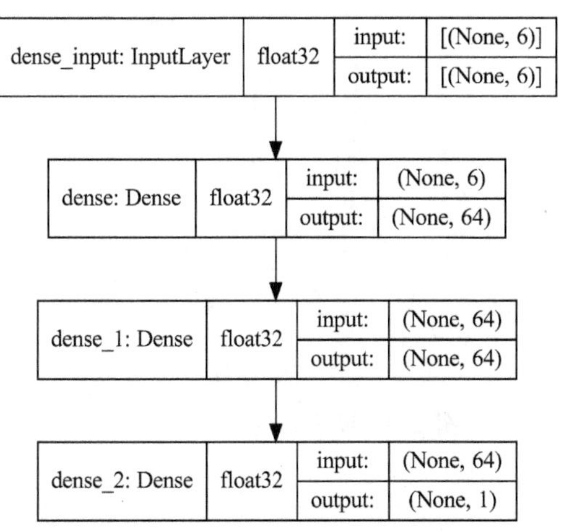

图 4-5　模型结构图：FNN

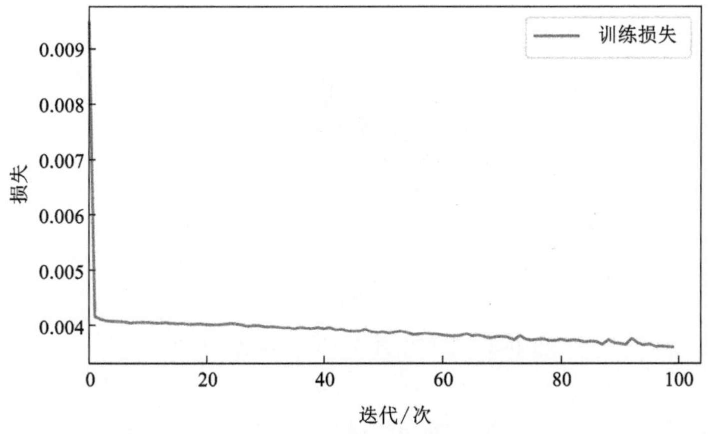

图 4-6　训练损失曲线图：FNN

由于在构建神经网络模型时，其内部各网络层的权重和偏置参数均按照一定方式进行随机初始化，因此，每次执行代码的输出结果都是不确定的，即模型性能是不确定的。此处读者得到的模型预测结果和误差通常与书中此处给出

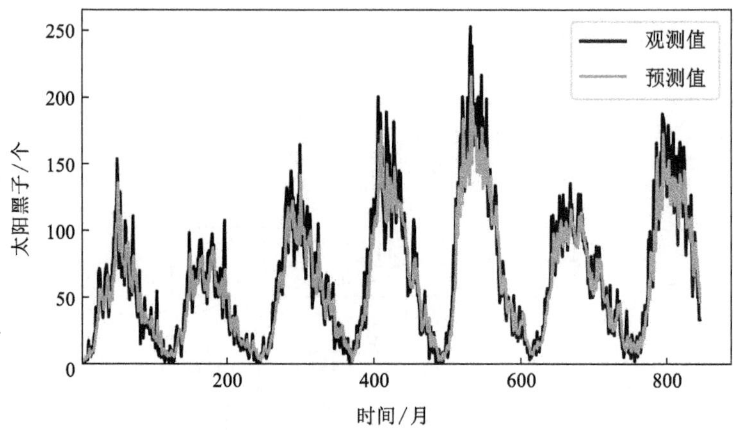

图 4-7 预测结果曲线图：FNN

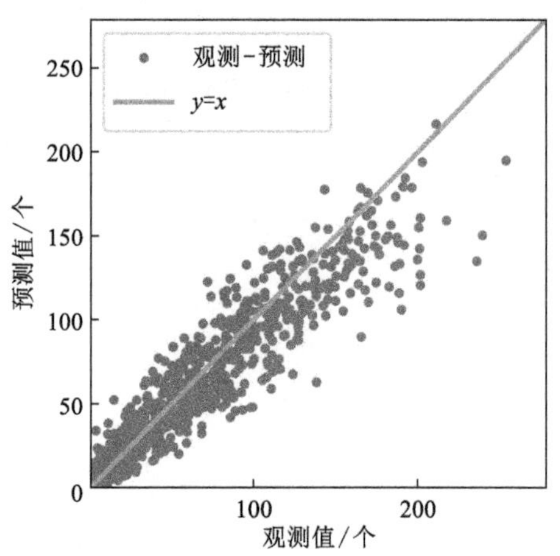

图 4-8 预测结果 Parity Plot 图：FNN

的不同。在实践中，可以选择多次重复执行实验①，并取重复实验的误差均值和标准差作为最终模型指标。本书为简化流程和降低代码复杂性，仅给出对应单次实验的代码和结果。

① 读者可以选择固定随机数种子，这样能够保证每次执行结果的可重复性。但应注意，由于随机数种子本身的设置通常也会影响神经网络模型的最终泛化性能，固定种子有可能会错过发现更优模型的机会。

4.2 循环神经网络

4.2.1 模型介绍

1. 长短期记忆(LSTM)网络

长短期记忆(long short-term memory, LSTM)网络是一种改进的循环神经网络模型[36]。由于 LSTM 单元中具有特殊设计的门控结构，LSTM 能够缓解传统 RNN 处理长序列时存在的梯度消失和梯度爆炸的问题，具有捕捉和学习长期时序依赖的能力[37]。沿时间维度堆叠 LSTM 单元可形成 LSTM 层，继而用于捕获输入序列中的时间依赖。沿时间轴展开的 LSTM 单元如图 4-9 所示。

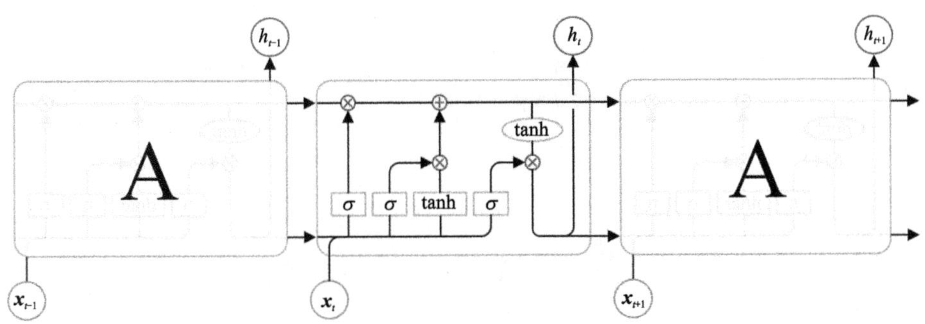

图 4-9　LSTM 结构图

LSTM 单元内的数据传播流程如式(4-2)所示。

$$
\begin{aligned}
\boldsymbol{f}_t &= \sigma(\boldsymbol{W}_f \cdot [\boldsymbol{h}_{t-1}, \boldsymbol{x}_t] + \boldsymbol{b}_f) \\
\boldsymbol{i}_t &= \sigma(\boldsymbol{W}_i \cdot [\boldsymbol{h}_{t-1}, \boldsymbol{x}_t] + \boldsymbol{b}_i) \\
\widetilde{\boldsymbol{C}}_t &= \tanh(\boldsymbol{W}_C \cdot [\boldsymbol{h}_{t-1}, \boldsymbol{x}_t] + \boldsymbol{b}_C) \\
\boldsymbol{C}_t &= \boldsymbol{f}_t * \boldsymbol{C}_{t-1} + \boldsymbol{i}_t * \widetilde{\boldsymbol{C}}_t \\
\boldsymbol{o}_t &= \sigma(\boldsymbol{W}_o \cdot [\boldsymbol{h}_{t-1}, \boldsymbol{x}_t] + \boldsymbol{b}_o) \\
\boldsymbol{h}_t &= \boldsymbol{o}_t * \tanh(\boldsymbol{C}_t)
\end{aligned}
\tag{4-2}
$$

式中：$\boldsymbol{x}_t$ 为当前时刻输入特征；$\boldsymbol{C}_{t-1}$ 为前一时刻单元状态；$*$ 为哈达玛积；$\boldsymbol{h}_{t-1}$ 为前一时刻隐藏状态；$\boldsymbol{C}_t$ 为当前时刻单元状态；$\boldsymbol{h}_t$ 为当前时刻隐藏状态；

$\boldsymbol{W}_f$、$\boldsymbol{W}_i$、$\boldsymbol{W}_C$ 和 $\boldsymbol{W}_o$ 分别为遗忘门、输入门、记忆单元和输出门的权重矩阵；$\boldsymbol{b}_f$、$\boldsymbol{b}_i$、$\boldsymbol{b}_C$ 和 $\boldsymbol{b}_o$ 分别为对应的偏置向量；$\boldsymbol{f}_t$、$\boldsymbol{i}_t$、$\widetilde{\boldsymbol{C}}_t$ 和 $\boldsymbol{o}_t$ 分别为遗忘门、输入门、记忆单元和输出门的输出；tanh 和 σ 分别为双曲正切（hyperbolic tangent）和 sigmoid 激活函数。

2. 门控循环单元(GRU)网络

门控循环单元(gated recurrent unit，GRU)网络是 LSTM 网络的改进版本[38]。GRU 仍然具备防止训练过程中出现梯度消失和梯度爆炸的优势，继而满足学习长期依赖的需要[39]。然而，在 GRU 中只有两个门控结构：更新门和重置门。在 GRU 中混合了 LSTM 单元中的单元状态 $\boldsymbol{C}_t$ 和隐藏状态 $\boldsymbol{h}_t$。因此，由于参数较少，GRU 相较于 LSTM 具有更快的计算速度。在大多数任务上，GRU 的性能与 LSTM 相似，在某些特定任务上则表现出更高的性能。GRU 单元的结构如图 4-10 所示。

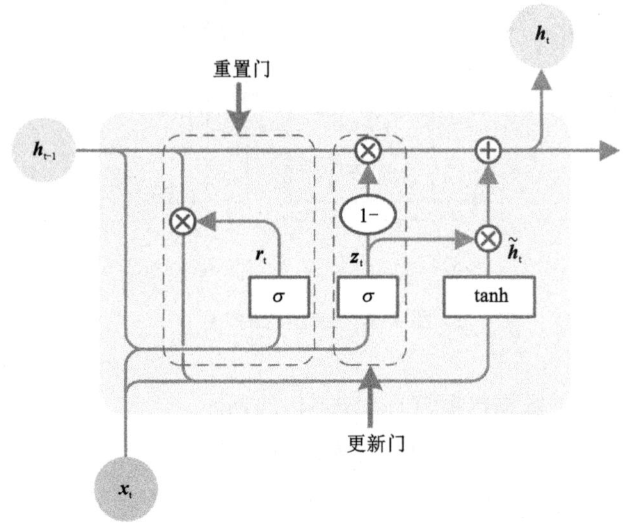

图 4-10　GRU 单元结构图

GRU 单元内的数据传播流程如式(4-3)所示。

$$
\begin{aligned}
\boldsymbol{z}_t &= \sigma(\boldsymbol{W}_z \cdot [\boldsymbol{h}_{t-1}, \boldsymbol{x}_t] + \boldsymbol{b}_z) \\
\boldsymbol{r}_t &= \sigma(\boldsymbol{W}_r \cdot [\boldsymbol{h}_{t-1}, \boldsymbol{x}_t] + \boldsymbol{b}_r) \\
\widetilde{\boldsymbol{h}}_t &= \tanh(\boldsymbol{W}_{\widetilde{h}} \cdot [\boldsymbol{r}_t \cdot \boldsymbol{h}_{t-1}, \boldsymbol{x}_t] + \boldsymbol{b}_{\widetilde{h}}) \\
\boldsymbol{h}_t &= (1-\boldsymbol{z}_t) \cdot \boldsymbol{h}_{t-1} + \boldsymbol{z}_t \cdot \widetilde{\boldsymbol{h}}_t
\end{aligned}
\tag{4-3}
$$

式中：$\boldsymbol{x}_t$ 为当前时刻输入特征；$\boldsymbol{h}_{t-1}$ 和$\boldsymbol{h}_t$ 为前一时刻和当前时刻的输出；$\boldsymbol{W}_z$、$\boldsymbol{W}_r$ 和$\boldsymbol{W}_{\tilde{h}}$ 为权重矩阵；$\boldsymbol{b}_z$、$\boldsymbol{b}_r$ 和$\boldsymbol{b}_{\tilde{h}}$ 为偏置向量；$\boldsymbol{z}_t$和 $\boldsymbol{r}_t$ 分别为更新门和重置门的输出向量；$\tilde{\boldsymbol{h}}_t$ 为中间激活向量；tanh 和 σ 分别为双曲正切(hyperbolic tangent)和 sigmoid 激活函数。

RNN 要求的输入数据维度如图 4-11 所示，在小批量梯度下降策略下，单个输入批次的维度为 $B\times H\times D$，其中 B 为 batch size，H 为变量的历史值长度，D 为变量的个数。

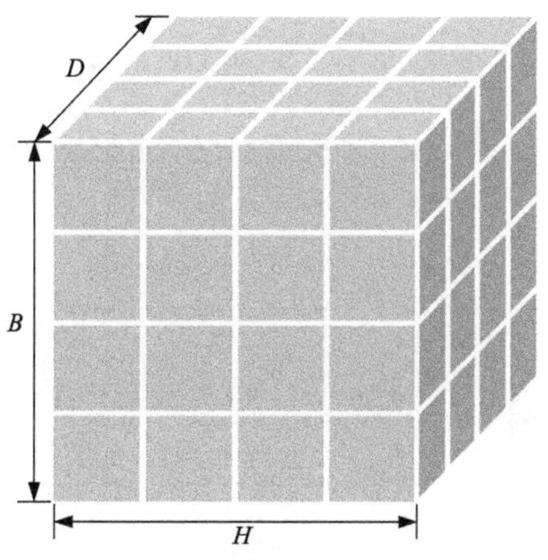

图 4-11　循环神经网络输入数据维度

4.2.2　实例：长短期记忆(LSTM)网络风速预测

本案例使用长短期记忆(LSTM)网络模型对阵风风速时间序列进行建模预测。

1. 数据集

数据集为某地环境状态监测站点 2020 年 1 月 1 日至 2020 年 1 月 31 日每间隔 1 小时收集的阵风风速数据。该序列的曲线图及其训练测试样本划分如图 4-12 所示，训练集占比 70%，测试集占比 30%。

该序列的统计量如表 4-2 所示。

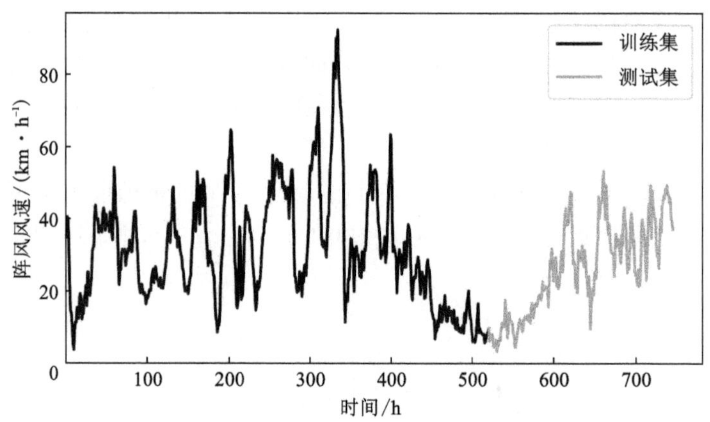

图 4-12　阵风风速数据及其划分

表 4-2　阵风风速数据统计量

序列长度	最大值/(km·h^{-1})	最小值/(km·h^{-1})	均值/(km·h^{-1})	标准差/(km·h^{-1})	偏度	峰度
744	92.34	3.24	29.82	15.10	0.71	0.78

2. 案例代码

代码 4-2 给出了使用长短期记忆网络完成风速预测的实例。1~17 行导入各类 Python 库和模块；19~23 行设置绘图参数；25~37 行读入风速时间序列数据并进行统计分析和可视化；39~53 行对数据进行监督学习样本构建并划分训练测试样本；55~63 行对数据进行归一化；65~75 行将数据重构为适合循环神经网络使用的数据维度；77~92 行定义了 LSTM 网络模型结构并使用优化器和损失函数完成模型编译，此处直接使用字符串配置优化器和损失函数，因无法精确控制其参数而只能使用默认参数配置；94~102 行训练 LSTM 网络模型；104~111 行绘制 LSTM 网络模型结构图并保存至硬盘；113~121 行对模型进行测试并计算误差评价指标；123~143 行完成训练过程和预测结果可视化。

代码 4-2　长短期记忆(LSTM)网络风速预测

```
1. # ch4/ch4_2_rnn/lstm.ipynb
2. # 标准库
3. import sys
```

```python

# 第三方库
import numpy as np
import pandas as pd
from sklearn.preprocessing import MinMaxScaler
from tensorflow.keras.models import Sequential
from tensorflow.keras.layers import LSTM, Dense
from tensorflow.keras.utils import plot_model

# 自定义模块
sys.path.append('./../../')
import utils.plot as p
import utils.metrics as m
import utils.dataset as d

# 绘图参数
name_model = 'LSTM'
name_var = '阵风风速'
name_unit = '($ km · h^{-1} $)'
p.set_matplotlib(plot_dpi=80, save_dpi=600, font_size=12)

# 数据读取和统计分析
data = pd.read_csv('./data/data_wind_speed.csv')
series = data['WindGustSpeed (Kilometres per hour)'].values[:, np.newaxis]
ratio_train = 0.7  # 训练样本比例
num_train = int(len(series)*ratio_train)  # 训练样本数量
d.stats(series)
p.plot_dataset(
    train=series[0:num_train],
    test=series[num_train:],
    xlabel='时间/h',
    ylabel=f'{name_var}/{name_unit}',
```

```
        fig_name=f'{name_model}_序列'
)

# 监督学习样本构建
H = 5
S = 1
D = 1
train = d.series_to_supervised(series[0:num_train], H, S)  # [num_train, H+1]
test = d.series_to_supervised(series[num_train-H:], H, S)  # [num_test, H+1]
print(f"{train.shape=}, {test.shape=}")

# 训练测试样本划分
train_x = train.iloc[:, :-1].values  # [num_train, H]
train_y = train.iloc[:, -1].values[:, np.newaxis]  # [num_train, 1]
test_x = test.iloc[:, :-1].values  # [num_test, H]
test_y = test.iloc[:, -1].values[:, np.newaxis]  # [num_test, 1]
print(f'{train_x.shape=}, {train_y.shape=}')
print(f'{test_x.shape=}, {test_y.shape=}')

# 样本归一化
x_scalar = MinMaxScaler(feature_range=(0, 1))
y_scalar = MinMaxScaler(feature_range=(0, 1))
train_x_n = x_scalar.fit_transform(train_x)  # [num_train, H]
test_x_n = x_scalar.transform(test_x)  # [num_test, H]
train_y_n = y_scalar.fit_transform(train_y)  # [num_train, 1]
test_y_n = y_scalar.transform(test_y)  # [num_test, 1]
print(f'{train_x_n.shape=}, {train_y_n.shape=}')
print(f'{test_x_n.shape=}, {test_y_n.shape=}')

# 数据重构
train_x_n = train_x_n.reshape(
        train_x_n.shape[0],
```

```
    train_x_n.shape[1],
    D)  # [num_train, H] -> [num_train, H, D], D = 1
test_x_n = test_x_n.reshape(
    test_x_n.shape[0],
    test_x_n.shape[1],
    D)  # [num_test, H] -> [num_test, H, D], D = 1
print(f'{train_x_n.shape=}, {train_y_n.shape=}')
print(f'{test_x_n.shape=}, {test_y_n.shape=}')

# 模型构建
model = Sequential()
model.add(LSTM(  # LSTM 层
    32,
    activation='tanh',
    input_shape=(H, D),
    return_sequences=True))
model.add(LSTM(32, activation='tanh'))  # LSTM 层
model.add(Dense(32, activation='relu'))  # Dense 层
model.add(Dense(1, activation='linear'))  # 输出层

# 模型编译
model.compile(  # 使用字符串初始化
    optimizer='rmsprop',
    loss='mse'
)

# 训练集-训练
history = model.fit(
    train_x_n,  # 训练集特征
    train_y_n,  # 训练集标签
    epochs=100,  # 迭代次数
    batch_size=16,  # Mini-Batch
```

```
    verbose=0,   # 不显示过程
    shuffle=False  # 不打乱样本
)

# 模型查看
plot_model(
    model,
    to_file=f'./fig/{name_model}_模型结构.jpg',
    show_shapes=True,  # 显示数据维度/形状
    show_dtype=True,  # 显示数据类型
    dpi=600
)

# 测试集-预测
y_hat_n = model.predict(
    test_x_n,  # 测试集特征
    verbose=0  # 不显示过程
)
y_hat = y_scalar.inverse_transform(y_hat_n)  # [num_test, 1]

# 测试集-误差计算
m.all_metrics(y_true=test_y, y_pred=y_hat)

# 可视化
p.plot_losses(
    train_loss=history.history['loss'],
    xlabel='迭代/次',
    ylabel='损失',
    fig_name=f'{name_model}_损失'
)
p.plot_results(
    y_true=test_y,
```

```
        y_pred=y_hat,
        xlabel='时间/h',
        ylabel=f'{name_var}/{name_unit}',
        fig_name=f'{name_model}_预测曲线'
)
p.plot_parity(
        y_true=test_y,
        y_pred=y_hat,
        xlabel=f'观测值/{name_unit}',
        ylabel=f'预测值/{name_unit}',
        fig_name=f'{name_model}_Parity'
)
```

3. 结果分析

预测代码的执行结果在输出 4-2 中给出。

输出 4-2　长短期记忆(LSTM)网络风速预测

```
# ch4/ch4_2_rnn/lstm.ipynb (执行输出)
train.shape=(515, 6), test.shape=(224, 6)
train_x.shape=(515, 5), train_y.shape=(515, 1)
test_x.shape=(224, 5), test_y.shape=(224, 1)
train_x_n.shape=(515, 5), train_y_n.shape=(515, 1)
test_x_n.shape=(224, 5), test_y_n.shape=(224, 1)
train_x_n.shape=(515, 5, 1), train_y_n.shape=(515, 1)
test_x_n.shape=(224, 5, 1), test_y_n.shape=(224, 1)

mse=26.941
rmse=5.191
mae=3.863
mape=16.562%
sde=4.514
r2=0.833
pcc=0.936
```

代码中绘制的各类图形如图 4-13～图 4-16 所示，分别为模型结构图、训练损失曲线图、预测结果曲线图和预测结果 Parity Plot 图。

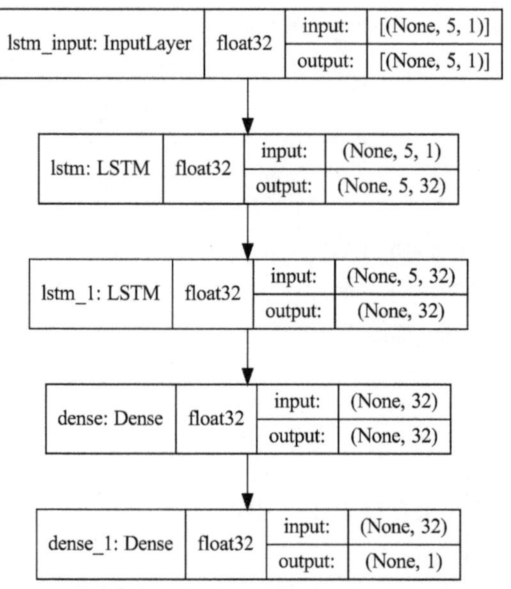

图 4-13　模型结构图：LSTM

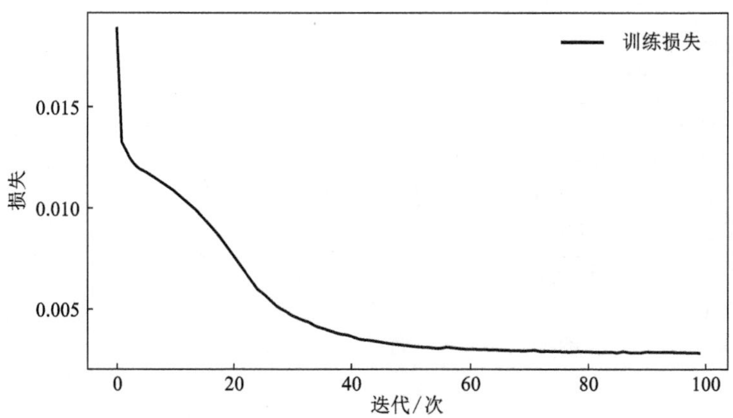

图 4-14　训练损失曲线图：LSTM

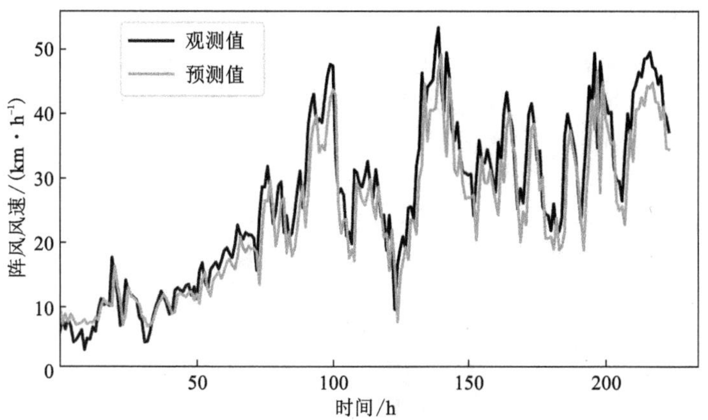

图 4-15　预测结果曲线图：LSTM

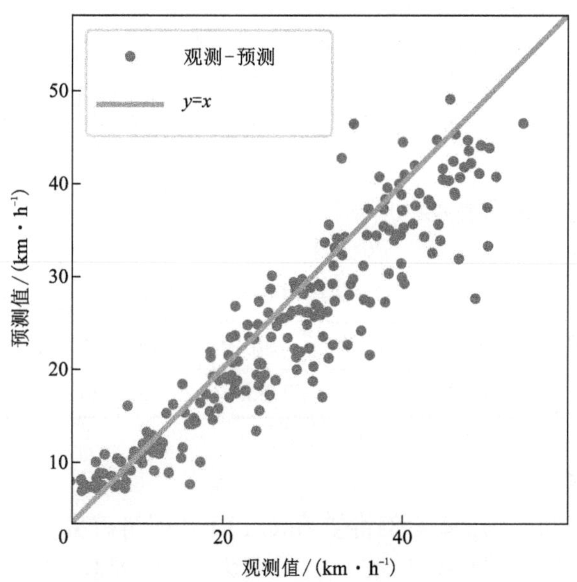

图 4-16　预测结果 Parity Plot 图：LSTM

4.2.3　实例：门控循环单元(GRU)网络风电功率预测

本案例使用门控循环单元(GRU)网络模型对风电功率时间序列进行建模预测。

1. 数据集

风电功率数据集收集自某地的数据采集与监视控制(supervisory control and data acquisition, SCADA)系统，该数据集采样间隔为 15 分钟，包括 1000 个样本点，如图 4-17 所示，训练集占比 70%，测试集占比 30%。

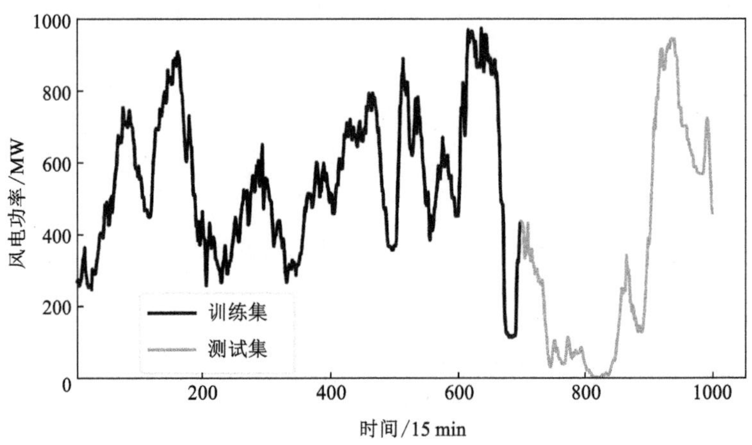

图 4-17　风电功率数据及其划分

该序列的统计量如表 4-3 所示。

表 4-3　风电功率数据统计量

序列长度	最大值/MW	最小值/MW	均值/MW	标准差/MW	偏度	峰度
1000	971.90	0.00	483.07	252.26	-0.15	-0.77

2. 案例代码

为丰富模型和代码，本案例将使用双向 GRU 网络模型。使用双向 RNN 模型并不会造成时间序列数据的泄露，这是因为，对序列双向的时间依赖学习是发生在一个滑动窗口内的短序列上的，而滑动窗口内的序列均为历史序列，不包括未来的信息。

代码 4-3 给出了使用双向门控循环单元网络实现风电功率预测的流程。1~19 行首先导入各类 Python 库和自定义模块；21~25 行设置全局绘图参数；27~39 行读取风电功率数据并进行统计分析和可视化；41~77 行依次完成监督学习样本构建、训练测试数据集划分、归一化和针对循环神经网络的数据重构；79~88 行构建了 Bi-GRU 网络模型；90~101 行定义了优化器和损失函数并使用其对模型进行编译；103～111 行对 Bi-GRU 网络模型进行训练；113～120 行绘制 Bi-GRU 结构；122～130 行对模型进行测试并计算测试误差的各类指标；132～152 行绘制训练损失和预测结果。

代码 4-3　门控循环单元(GRU)网络风电功率预测

```
1. # ch4/ch4_2_rnn/gru.ipynb
2. # 标准库
3. import sys
4.
5. # 第三方库
6. import numpy as np
7. import pandas as pd
8. from sklearn.preprocessing import MinMaxScaler
9. from tensorflow.keras.models import Sequential
10. from tensorflow.keras.layers import Bidirectional, GRU, Dense
11. from tensorflow.keras.optimizers import SGD
12. from tensorflow.keras.losses import MeanSquaredError
13. from tensorflow.keras.utils import plot_model
14.
15. # 自定义模块
16. sys.path.append('./../../')
17. import utils.dataset as d
18. import utils.metrics as m
19. import utils.plot as p
20.
21. # 绘图参数
22. name_model = 'GRU'
23. name_var = '风电功率'
24. name_unit = 'MW'
25. p.set_matplotlib(plot_dpi=80, save_dpi=600, font_size=12)
```

```

# 数据读取和统计分析
data = pd.read_csv('./data/data_wind_generation.csv')
series = data['NI Wind Generation'].values[:, np.newaxis]
ratio_train = 0.7  # 训练样本比例
num_train = int(len(series)*ratio_train)  # 训练样本数量
d.stats(series)
p.plot_dataset(
        train=series[0:num_train],
        test=series[num_train:],
        xlabel='时间/15 min',
        ylabel=f'{name_var}/{name_unit}',
        fig_name=f'{name_model}_序列'
)

# 监督学习样本构建
H = 4
S = 1
D = 1
train = d.series_to_supervised(series[0:num_train], H, S)  # [num_train, H+1]
test = d.series_to_supervised(series[num_train-H:], H, S)  # [num_test, H+1]
print(f"{train.shape=}, {test.shape=}")

# 训练测试样本划分
train_x = train.iloc[:, :-1].values  # [num_train, H]
train_y = train.iloc[:, -1].values[:, np.newaxis]  # [num_train, 1]
test_x = test.iloc[:, :-1].values  # [num_test, H]
test_y = test.iloc[:, -1].values[:, np.newaxis]  # [num_test, 1]
print(f'{train_x.shape=}, {train_y.shape=}')
print(f'{test_x.shape=}, {test_y.shape=}')
```

```

# 样本归一化
x_scalar = MinMaxScaler(feature_range=(0, 1))
y_scalar = MinMaxScaler(feature_range=(0, 1))
train_x_n = x_scalar.fit_transform(train_x)   # [num_train, H]
test_x_n = x_scalar.transform(test_x)   # [num_test, H]
train_y_n = y_scalar.fit_transform(train_y)   # [num_train, 1]
test_y_n = y_scalar.transform(test_y)   # [num_test, 1]
print(f'{train_x_n.shape=}, {train_y_n.shape=}')
print(f'{test_x_n.shape=}, {test_y_n.shape=}')

# 数据重构
train_x_n = train_x_n.reshape(
    train_x_n.shape[0],
    train_x_n.shape[1],
    D)  # [num_train, H] -> [num_train, H, D], D = 1
test_x_n = test_x_n.reshape(
    test_x_n.shape[0],
    test_x_n.shape[1],
    D)  # [num_test, H] -> [num_test, H, D], D = 1
print(f'{train_x_n.shape=}, {train_y_n.shape=}')
print(f'{test_x_n.shape=}, {test_y_n.shape=}')

# 模型构建
model = Sequential()
model.add(Bidirectional(GRU(  # Bi-GRU 层
    32,
    activation='tanh',
    input_shape=(H, D),
    return_sequences=True)))
```

```
model.add(Bidirectional(GRU(32, activation='tanh')))  # GRU 层
model.add(Dense(32, activation='relu'))  # Dense 层
model.add(Dense(1, activation='linear'))  # 输出层

# 优化器
opt = SGD(
    learning_rate=0.001,
    momentum=0.01,
    nesterov=False
)

# 损失函数
loss = MeanSquaredError()

# 模型编译
model.compile(optimizer=opt, loss=loss)

# 训练集-训练
history = model.fit(
    train_x_n,  # 训练集特征
    train_y_n,  # 训练集标签
    epochs=100,  # 迭代次数
    batch_size=16,  # Mini-Batch
    verbose=0,  # 不显示过程
    shuffle=False  # 不打乱样本
)

# 模型查看
plot_model(
    model,
```

```
    to_file=f'./fig/{name_model}_模型结构.jpg',
    show_shapes=True,  # 显示数据维度/形状
    show_dtype=True,  # 显示数据类型
    dpi=600
)

# 测试集-预测
y_hat_n = model.predict(
    test_x_n,  # 测试集特征
    verbose=0  # 不显示过程
)
y_hat = y_scalar.inverse_transform(y_hat_n)  # [num_test, 1]

# 测试集-误差计算
m.all_metrics(y_true=test_y, y_pred=y_hat)

# 可视化
p.plot_losses(
    train_loss=history.history['loss'],
    xlabel='迭代/次',
    ylabel='损失',
    fig_name=f'{name_model}_损失'
)
p.plot_results(
    y_true=test_y,
    y_pred=y_hat,
    xlabel='时间/15 min',
    ylabel=f'{name_var}/{name_unit}',
    fig_name=f'{name_model}_预测曲线'
)
```

```
p.plot_parity(
        y_true=test_y,
        y_pred=y_hat,
        xlabel=f'观测值/{name_unit}',
        ylabel=f'预测值/{name_unit}',
        fig_name=f'{name_model}_Parity'
)
```

3. 结果分析

预测代码的执行结果在输出 4-3 中给出。

输出 4-3　门控循环单元(GRU)网络风电功率预测

```
# ch4/ch4_2_rnn/gru.ipynb (执行输出)
train.shape=(696, 5), test.shape=(300, 5)
train_x.shape=(696, 4), train_y.shape=(696, 1)
test_x.shape=(300, 4), test_y.shape=(300, 1)
train_x_n.shape=(696, 4), train_y_n.shape=(696, 1)
test_x_n.shape=(300, 4), test_y_n.shape=(300, 1)
train_x_n.shape=(696, 4, 1), train_y_n.shape=(696, 1)
test_x_n.shape=(300, 4, 1), test_y_n.shape=(300, 1)


mse=7277.534
rmse=85.308
mae=75.739
mape=1576812912475199232.000%
sde=71.540
r2=0.920
pcc=0.993
```

代码中绘制的各类图形如图 4-18～图 4-21 所示，分别为模型结构图、训练损失曲线图、预测结果曲线图和预测结果 Parity Plot 图。

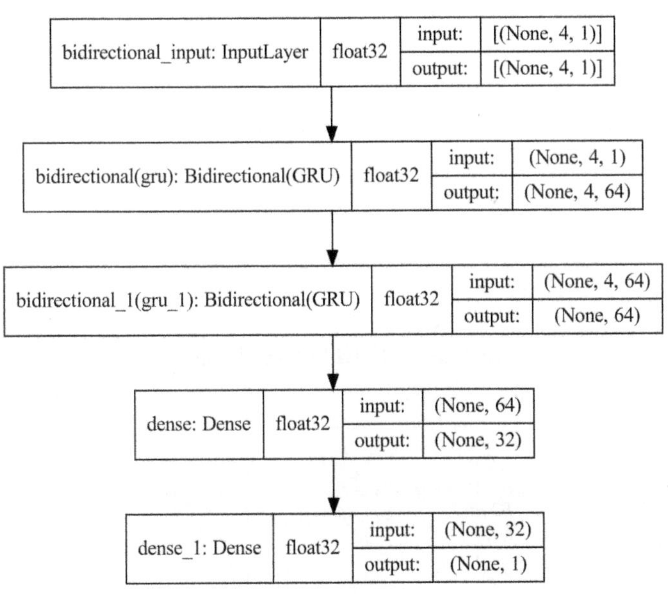

图 4-18　模型结构图：GRU

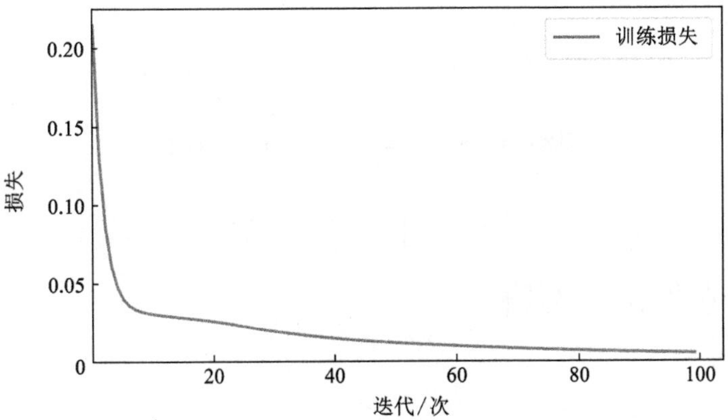

图 4-19　训练损失曲线图：GRU

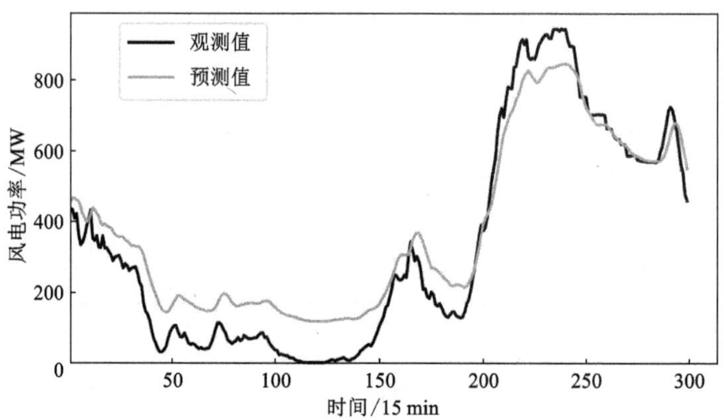

图 4-20　预测结果曲线图：GRU

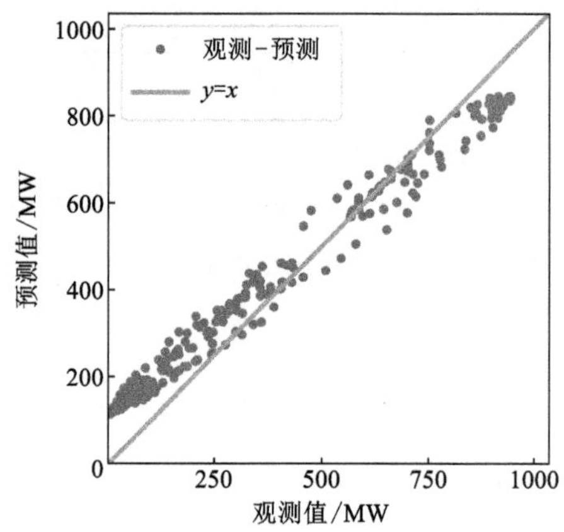

图 4-21　预测结果 Parity Plot 图：GRU

4.3 卷积神经网络

4.3.1 模型介绍

1. 卷积神经网络(CNN)

卷积神经网络(convolutional neural network，CNN)是由卷积层构成的深度神经网络，通过其内部的卷积结构具备局部感受野、权值共享等特性[40]。CNN

包含卷积层、降采样/池化层和全连接层等结构[41]，能够以较小的计算量实现对输入数据特征的高效表示和提取。

2. 时间卷积网络(TCN)

时间卷积网络(temporal convolutional network, TCN)受 CNN 模型启发并由其改进而来[42]。通过整合因果卷积、空洞卷积和残差模块，TCN 获得了并行处理时间序列数据的能力[43]。

在 RNN 模型内，由于沿时间轴展开的计算单元依赖于先前时刻单元的计算结果，因此 RNN 模型每次仅能处理一个时刻的输入特征，位于后面的计算单元必须等待之前的单元计算完成。这使得 RNN 模型很难大规模并行处理其输入数据，进而降低了 RNN 模型训练和推理速度。在双向 RNN 模型中，这一弊端更为显著。TCN 则能够将输入序列作为整体进行处理。

在 TCN 中的关键模块包括因果卷积、空洞卷积和残差模块等。

在 x_t 处的因果卷积(causal convolution)为：

$$(F * X)_{(x_t)} = \sum_{k=1}^{K} f_k x_{t-K+k} \tag{4-4}$$

式中：F 为滤波器；X 为序列；$*$ 为卷积运算。

在 x_t 处的空洞卷积(dilated convolution)为：

$$(F *_d X)_{(x_t)} = \sum_{k=1}^{K} f_k x_{t-(K-k)d} \tag{4-5}$$

式中：F 为滤波器；X 为序列；d 为扩张率。

残差模块(residual block)为：

$$H(x) = F(x) + x \tag{4-6}$$

CNN 要求的输入数据形状如图 4-22 所示，在小批量梯度下降策略下，单个输入批次的维度为 $B \times H \times D$，其中 B 为 batch size，H 为变量的历史值长度，D 为变量的个数。这与 RNN 模型的要求相同。可以认为 $H \times D$ 构成了一张单通道 $C=1$ 的二维图像矩阵，使用 CNN 提取该图像特征，进而将其映射至对未来时刻的预测。

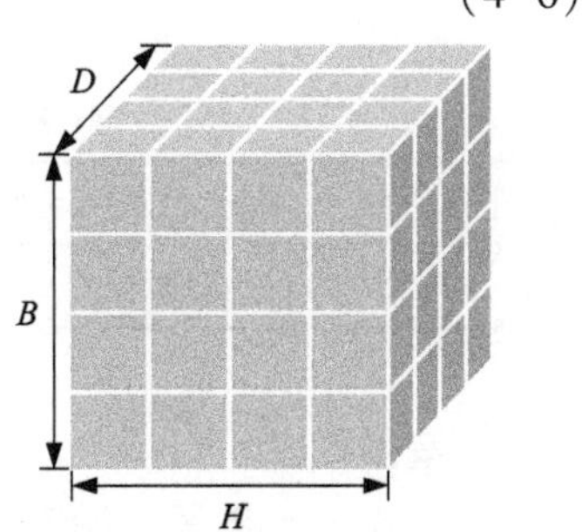

图 4-22　卷积神经网络(CNN)输入数据维度

4.3.2 实例：卷积神经网络(CNN)电力负荷预测

本案例使用卷积神经网络(CNN)模型对电力负荷时间序列进行建模预测。

1. 数据集

电力负荷数据集收集自某地的数据采集与监视控制(supervisory control and data acquisition, SCADA)系统，该数据集采样间隔为 15 分钟，包括 1000 个样本点，如图 4-23 所示，训练集占比 70%，测试集占比 30%。

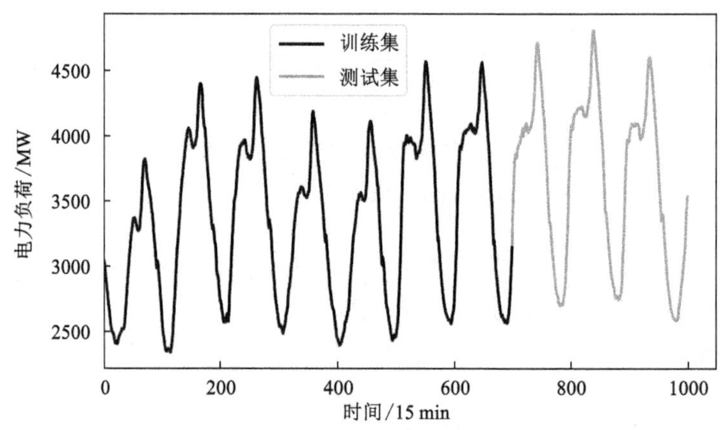

图 4-23　电力负荷数据及其划分

该序列的统计量如表 4-4 所示。

表 4-4　电力负荷数据统计量

序列长度	最大值/MW	最小值/MW	均值/MW	标准差/MW	偏度	峰度
1000	4818.55	2337.89	3445.21	643.33	-0.03	-1.24

2. 案例代码

代码 4-4 给出了使用卷积神经网络求解电力负荷预测的流程。1～20 行导入各类 Python 库和自定义模块；22～26 行设置绘图参数；28～40 行读取原始电力负荷数据并对其进行统计分析和可视化；42～66 行进行监督学习样本构建、训练测试划分和样本归一化；68～78 行针对 CNN 模型要求对数据维度进行重构(此处重构方法和 RNN 网络一致)；80～91 行确定了 CNN 模型结构；93～106 行初始化了优化器对象和损失函数对象，并对模型进行了编译；108～

118 行定义了学习率调度器，以用于在模型训练过程中动态地调整学习率(此处直接使用训练损失作为被监测指标是欠妥的，读者可划分验证集并使用验证损失)；120~129 行对 CNN 模型进行了训练；131~138 行绘制了 CNN 模型的结构；140~148 行完成模型测试并计算了测试误差指标；150~170 行可视化了训练过程和预测结果。

代码 4-4　卷积神经网络(CNN)电力负荷预测

```
1. # ch4/ch4_3_cnn/cnn.ipynb
2. # 标准库
3. import sys
4.
5. # 第三方库
6. import numpy as np
7. import pandas as pd
8. from sklearn.preprocessing import MinMaxScaler
9. from tensorflow.keras.models import Sequential
10. from tensorflow.keras.layers import Conv1D, MaxPooling1D, Flatten, Dense
11. from tensorflow.keras.callbacks import ReduceLROnPlateau
12. from tensorflow.keras.optimizers import Adam
13. from tensorflow.keras.losses import MeanSquaredError
14. from tensorflow.keras.utils import plot_model
15.
16. # 自定义模块
17. sys.path.append('./../../')
18. import utils.dataset as d
19. import utils.metrics as m
20. import utils.plot as p
21.
22. # 绘图参数
23. name_model = 'CNN'
24. name_var = '电力负荷'
25. name_unit = 'MW'
```

```
p.set_matplotlib(plot_dpi=80, save_dpi=600, font_size=12)

# 数据读取和统计分析
data = pd.read_csv('./data/data_power_demand.csv')
series = data['IE Demand'].values[:, np.newaxis]
ratio_train = 0.7  # 训练样本比例
num_train = int(len(series)*ratio_train)  # 训练样本数量
d.stats(series)
p.plot_dataset(
    train=series[0:num_train],
    test=series[num_train:],
    xlabel='时间/15 min',
    ylabel=f'{name_var}/{name_unit}',
    fig_name=f'{name_model}_序列'
)

# 监督学习样本构建
H = 4
S = 1
D = 1
train = d.series_to_supervised(series[0:num_train], H, S)  # [num_train, H+1]
test = d.series_to_supervised(series[num_train-H:], H, S)  # [num_test, H+1]
print(f'{train.shape=}, {test.shape=}')

# 训练测试样本划分
train_x = train.iloc[:, :-1].values  # [num_train, H]
train_y = train.iloc[:, -1].values[:, np.newaxis]  # [num_train, 1]
test_x = test.iloc[:, :-1].values  # [num_test, H]
test_y = test.iloc[:, -1].values[:, np.newaxis]  # [num_test, 1]
print(f'{train_x.shape=}, {train_y.shape=}')
print(f'{test_x.shape=}, {test_y.shape=}')

```

```
# 样本归一化
x_scalar = MinMaxScaler(feature_range=(0, 1))
y_scalar = MinMaxScaler(feature_range=(0, 1))
train_x_n = x_scalar.fit_transform(train_x)   # [num_train, H]
test_x_n = x_scalar.transform(test_x)   # [num_test, H]
train_y_n = y_scalar.fit_transform(train_y)   # [num_train, 1]
test_y_n = y_scalar.transform(test_y)   # [num_test, 1]
print(f'{train_x_n.shape=}, {train_y_n.shape=}')
print(f'{test_x_n.shape=}, {test_y_n.shape=}')

# 数据重构
train_x_n = train_x_n.reshape(
    train_x_n.shape[0],
    train_x_n.shape[1],
    D)  # [num_train, H] -> [num_train, H, D], D = 1
test_x_n = test_x_n.reshape(
    test_x_n.shape[0],
    test_x_n.shape[1],
    D)  # [num_test, H] -> [num_test, H, D], D = 1
print(f'{train_x_n.shape=}, {train_y_n.shape=}')
print(f'{test_x_n.shape=}, {test_y_n.shape=}')

# 模型构建
model = Sequential()
model.add(Conv1D(  # 一维 CNN 层
    filters=64,
    kernel_size=2,
    activation='relu',
    input_shape=(H, D)
))
model.add(MaxPooling1D(pool_size=2))  # 最大池化层
model.add(Flatten())  # 展开层
```

```
model.add(Dense(32, activation='relu'))  # Dense 层
model.add(Dense(1, activation='linear'))  # 输出层

# 优化器
opt = Adam(
        learning_rate=0.001,
        beta_1=0.9,
        beta_2=0.999,
        epsilon=1e-7,
        amsgrad=False
)

# 损失函数
loss = MeanSquaredError()

# 模型编译
model.compile(optimizer=opt, loss=loss)

# 学习率调度器
callback = ReduceLROnPlateau(  # 损失不再改善时降低学习率
        monitor='loss',
        factor=0.2,
        patience=20,
        verbose=1,
        mode='auto',
        min_delta=1E-5,
        cooldown=10,
        min_lr=1E-6
)

# 训练集-训练
history = model.fit(
```

```
        train_x_n,  # 训练集特征
        train_y_n,  # 训练集标签
        epochs=100,  # 迭代次数
        batch_size=16,  # Mini-Batch
        verbose=0,  # 不显示过程
        shuffle=False,  # 不打乱样本
        callbacks=callback  # 回调函数
)

# 模型查看
plot_model(
        model,
        to_file=f'./fig/{name_model}_模型结构.jpg',
        show_shapes=True,  # 显示数据维度/形状
        show_dtype=True,  # 显示数据类型
        dpi=600
)

# 测试集-预测
y_hat_n = model.predict(
        test_x_n,  # 测试集特征
        verbose=0  # 不显示过程
)
y_hat = y_scalar.inverse_transform(y_hat_n)  # [num_test, 1]

# 测试集-误差计算
m.all_metrics(y_true=test_y, y_pred=y_hat)

# 可视化
p.plot_losses(
        train_loss=history.history['loss'],
        xlabel='迭代/次',
```

```
        ylabel='损失',
        fig_name=f'{name_model}_损失'
)
p.plot_results(
        y_true=test_y,
        y_pred=y_hat,
        xlabel='时间/15 min',
        ylabel=f'{name_var}/{name_unit}',
        fig_name=f'{name_model}_预测曲线'
)
p.plot_parity(
        y_true=test_y,
        y_pred=y_hat,
        xlabel=f'观测值/{name_unit}',
        ylabel=f'预测值/{name_unit}',
        fig_name=f'{name_model}_Parity'
)
```

3. 结果分析

预测代码的执行结果在输出 4-4 中给出。

输出 4-4　卷积神经网络(CNN)电力负荷预测

```
# ch4/ch4_3_cnn/cnn.ipynb (执行输出)
train.shape=(696, 5), test.shape=(300, 5)
train_x.shape=(696, 4), train_y.shape=(696, 1)
test_x.shape=(300, 4), test_y.shape=(300, 1)
train_x_n.shape=(696, 4), train_y_n.shape=(696, 1)
test_x_n.shape=(300, 4), test_y_n.shape=(300, 1)
train_x_n.shape=(696, 4, 1), train_y_n.shape=(696, 1)
test_x_n.shape=(300, 4, 1), test_y_n.shape=(300, 1)


mse=16948.455
```

```
rmse=130.186
mae=110.555
mape=2.883%
sde=72.461
r2=0.959
pcc=0.995
```

代码中绘制的各类图形如图 4-24～图 4-27 所示，分别为模型结构图、训练损失曲线图、预测结果曲线图和预测结果 Parity Plot 图。

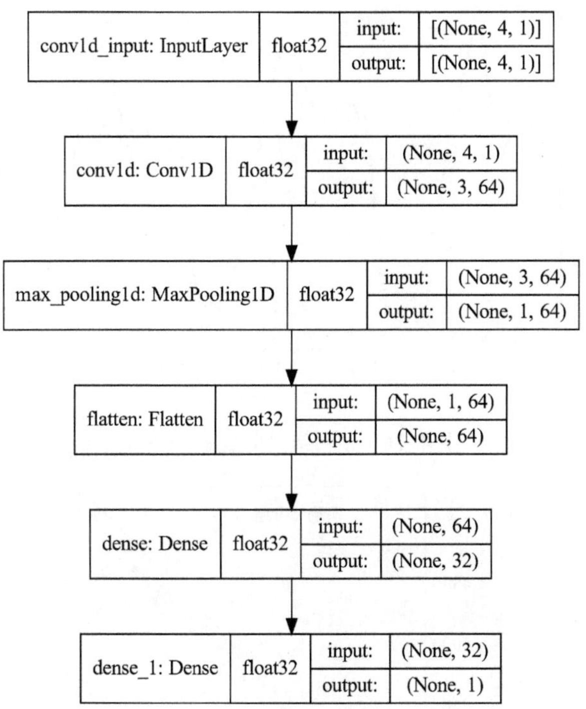

图 4-24　模型结构图：CNN

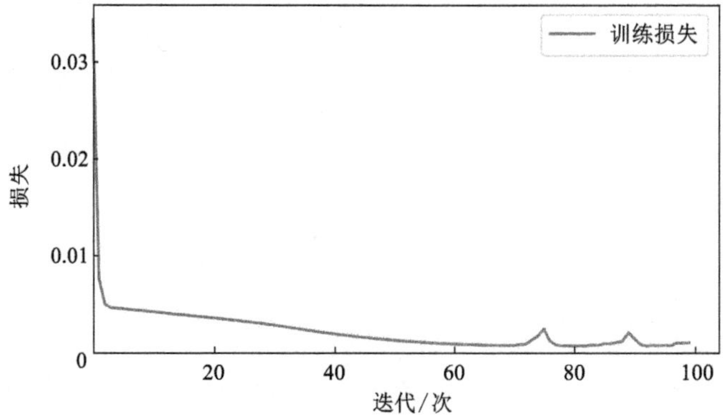

图 4-25　训练损失曲线图：CNN

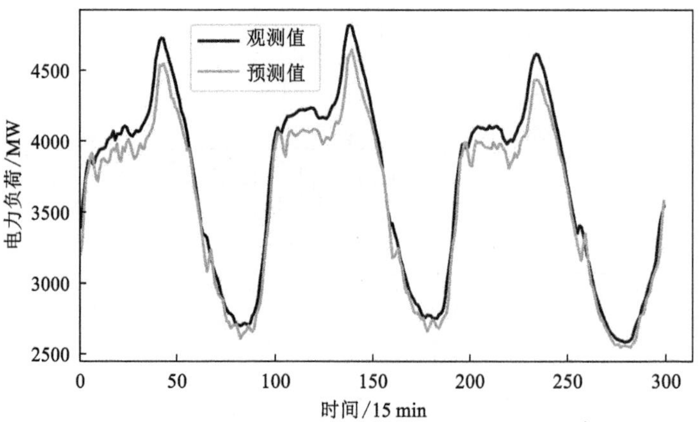

图 4-26　预测结果曲线图：CNN

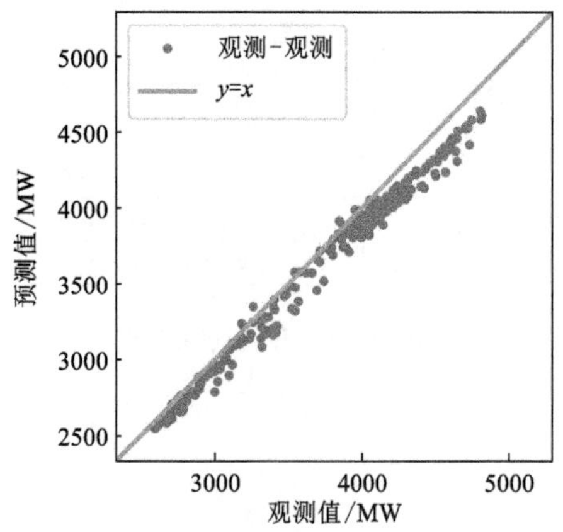

图 4-27　预测结果 Parity Plot 图：CNN

4.3.3　实例：时间卷积网络(TCN)网络流量预测

本案例使用时间卷积网络(TCN)模型对网络流量时间序列进行建模预测。

1. 数据集

网络流量数据收集自某区域 11 个城市的网络服务提供商(internet service provider, ISP)，共包含连续 4 周以 5 分钟为采样间隔的 8064 个样本点，如图 4-28 所示，训练集占比 70%，测试集占比 30%。

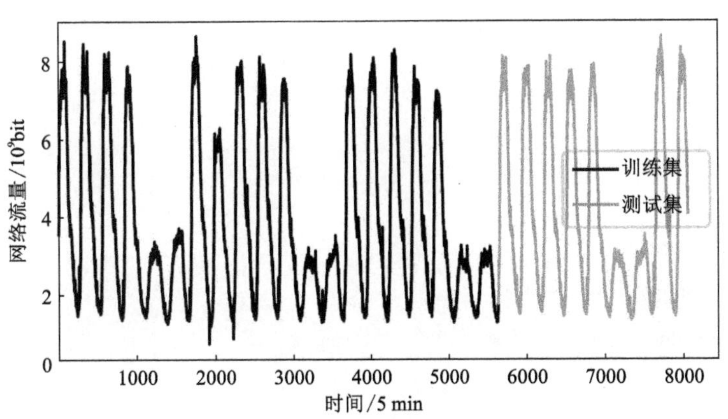

图 4-28　网络流量数据及其划分

该序列的统计量如表 4-5 所示。

表 4-5　网络流量数据统计量

序列长度	最大值/bit	最小值/bit	均值/bit	标准差/bit	偏度	峰度
8064	8661250857	722332762	3.860316×10^9	2.187524×10^9	0.68	-1.01

2. 案例代码

使用 TCN 层需要安装额外的 keras-tcn 拓展库，使用以下指令安装：

```
pip install keras-tcn --no-dependencies
```

代码 4-5 给出了使用时间卷积网络实现网络流量预测的基本流程。1~21 行首先引入 Python 库及自定义模块；23~27 行设置全局绘图参数；29~41 行读入网络流量数据并对其进行统计分析和可视化；43~79 行依次完成监督样本构建、训练测试划分、样本归一化和维度重构等，此处样本维度重构同前述

RNN 及 CNN 一致；81~97 行构建 TCN 模型；99~110 行依次构建优化器和损失函数并对 TCN 模型进行编译；112~122 行构建学习率调度器，作为回调函数在模型训练过程中提供(此处直接使用训练损失作为被监测指标是欠妥的，读者可划分验证集并使用验证损失)；124~133 行对 TCN 模型进行训练；135~142 行绘制 TCN 模型结构并保持至硬盘；144~152 行对模型进行测试并计算测试误差指标；154~174 行绘制模型训练损失和预测结果。

代码 4-5　时间卷积网络(TCN)网络流量预测

```
1. # ch4/ch4_3_cnn/tcn.ipynb
2. # 标准库
3. import sys
4.
5. # 第三方库
6. import numpy as np
7. import pandas as pd
8. from tcn import TCN
9. from sklearn.preprocessing import MinMaxScaler
10. from tensorflow.keras.models import Sequential
11. from tensorflow.keras.layers import Dense
12. from tensorflow.keras.callbacks import ReduceLROnPlateau
13. from tensorflow.keras.optimizers import Adadelta
14. from tensorflow.keras.losses import MeanSquaredError
15. from tensorflow.keras.utils import plot_model
16.
17. # 自定义模块
18. sys.path.append('./../../')
19. import utils.dataset as d
20. import utils.metrics as m
21. import utils.plot as p
22.
```

```
# 绘图参数
name_model = 'TCN'
name_var = '网络流量'
name_unit = '$10^{9}bit$'
p.set_matplotlib(plot_dpi=80, save_dpi=600, font_size=12)

# 数据读取和统计分析
data = pd.read_csv('./data/data_network_traffic.csv')
series = data['Internet traffic (bits)'].values[:, np.newaxis]
ratio_train = 0.7  # 训练样本比例
num_train = int(len(series)*ratio_train)  # 训练样本数量
d.stats(series)
p.plot_dataset(
    train=series[0:num_train],
    test=series[num_train:],
    xlabel='时间/5 min',
    ylabel=f'{name_var}/{name_unit}',
    fig_name=f'{name_model}_序列'
)

# 监督学习样本构建
H = 12
S = 1
D = 1
train = d.series_to_supervised(series[0:num_train], H, S)  # [num_train, H+1]
test = d.series_to_supervised(series[num_train-H:], H, S)  # [num_test, H+1]
print(f'{train.shape=}, {test.shape=}')

# 训练测试样本划分
```

```
train_x = train.iloc[:, :-1].values  # [num_train, H]
train_y = train.iloc[:, -1].values[:, np.newaxis]  # [num_train, 1]
test_x = test.iloc[:, :-1].values  # [num_test, H]
test_y = test.iloc[:, -1].values[:, np.newaxis]  # [num_test, 1]
print(f'{train_x.shape=}, {train_y.shape=}')
print(f'{test_x.shape=}, {test_y.shape=}')

# 样本归一化
x_scalar = MinMaxScaler(feature_range=(0, 1))
y_scalar = MinMaxScaler(feature_range=(0, 1))
train_x_n = x_scalar.fit_transform(train_x)  # [num_train, H]
test_x_n = x_scalar.transform(test_x)  # [num_test, H]
train_y_n = y_scalar.fit_transform(train_y)  # [num_train, 1]
test_y_n = y_scalar.transform(test_y)  # [num_test, 1]
print(f'{train_x_n.shape=}, {train_y_n.shape=}')
print(f'{test_x_n.shape=}, {test_y_n.shape=}')

# 数据重构
train_x_n = train_x_n.reshape(
    train_x_n.shape[0],
    train_x_n.shape[1],
    D)  # [num_train, H] -> [num_train, H, D], D = 1
test_x_n = test_x_n.reshape(
    test_x_n.shape[0],
    test_x_n.shape[1],
    D)  # [num_test, H] -> [num_test, H, D], D = 1
print(f'{train_x_n.shape=}, {train_y_n.shape=}')
print(f'{test_x_n.shape=}, {test_y_n.shape=}')

```

```
# 模型构建
model = Sequential()
model.add(TCN(  # TCN 层
        nb_filters=64,
        kernel_size=6,
        dilations=[1, 2, 4, 8, 16, 32, 64],
        activation='tanh',
        return_sequences=True
))
model.add(TCN(  # TCN 层
        nb_filters=32,
        kernel_size=6,
        dilations=[1, 2, 4, 8, 16, 32, 64],
        activation='tanh'
))
model.add(Dense(32, activation='relu'))  # Dense 层
model.add(Dense(1, activation='linear'))  # 输出层

# 优化器
opt = Adadelta(
        learning_rate=0.001,
        rho=0,
        epsilon=1e-7
)

# 损失函数
loss = MeanSquaredError()

# 模型编译
```

```
model.compile(optimizer=opt, loss=loss)

# 学习率调度器
callback = ReduceLROnPlateau(
        monitor='loss',
        factor=0.2,
        patience=20,
        verbose=1,
        mode='auto',
        min_delta=1E-5,
        cooldown=10,
        min_lr=1E-6
)

# 训练集-训练.
history = model.fit(
        train_x_n,  # 训练集特征
        train_y_n,  # 训练集标签
        epochs=100,  # 迭代次数
        batch_size=32,  # Mini-Batch
        verbose=0,  # 不显示过程
        shuffle=False,  # 不打乱样本
        callbacks=callback  # 回调函数
)

# 模型查看
plot_model(
        model,
        to_file=f'./fig/{name_model}_模型结构.jpg',
```

```
    show_shapes=True,  # 显示数据维度/形状
    show_dtype=True,  # 显示数据类型
    dpi=600
)

# 测试集-预测
y_hat_n = model.predict(
    test_x_n,  # 测试集特征
    verbose=0  # 不显示过程
)
y_hat = y_scalar.inverse_transform(y_hat_n)  # [num_test, 1]

# 测试集-误差计算
m.all_metrics(y_true=test_y, y_pred=y_hat)

# 可视化
p.plot_losses(
    train_loss=history.history['loss'],
    xlabel='迭代/次',
    ylabel='损失',
    fig_name=f'{name_model}_损失'
)
p.plot_results(
    y_true=test_y,
    y_pred=y_hat,
    xlabel='时间/5 min',
    ylabel=f'{name_var}/{name_unit}',
    fig_name=f'{name_model}_预测曲线'
)
```

```
p.plot_parity(
    y_true=test_y,
    y_pred=y_hat,
    xlabel=f'观测值/{name_unit}',
    ylabel=f'预测值/{name_unit}',
    fig_name=f'{name_model}_Parity'
)
```

3. 结果分析

预测代码的执行结果在输出 4-5 中给出。

输出 4-5　时间卷积网络（TCN）网络流量预测

```
# ch4/ch4_3_cnn/tcn.ipynb (执行输出)
train.shape=(5632, 13), test.shape=(2420, 13)
train_x.shape=(5632, 12), train_y.shape=(5632, 1)
test_x.shape=(2420, 12), test_y.shape=(2420, 1)
train_x_n.shape=(5632, 12), train_y_n.shape=(5632, 1)
test_x_n.shape=(2420, 12), test_y_n.shape=(2420, 1)
train_x_n.shape=(5632, 12, 1), train_y_n.shape=(5632, 1)
test_x_n.shape=(2420, 12, 1), test_y_n.shape=(2420, 1)

mse=105126617892322080.000
rmse=324232351.705
mae=214970820.367
mape=5.225%
sde=313877067.765
r2=0.980
pcc=0.991
```

代码中绘制的各类图形如图 4-29～图 4-32 所示，分别为模型结构图、训练损失曲线图、预测结果曲线图和预测结果 Parity Plot 图。

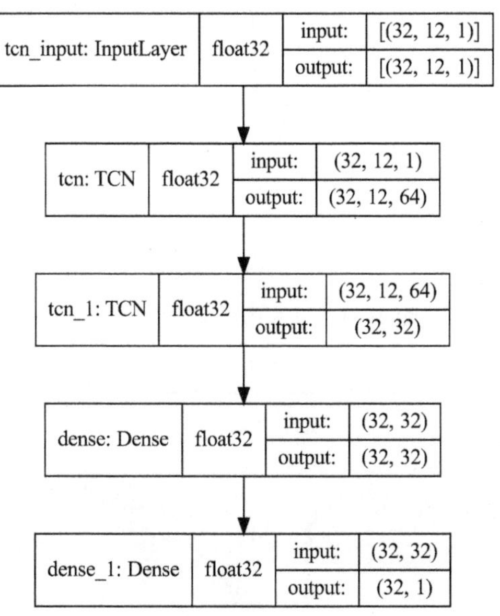

图 4-29　模型结构图：TCN

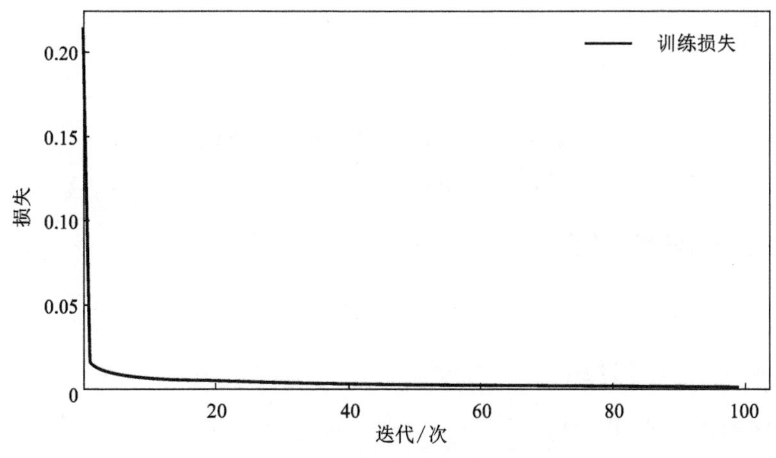

图 4-30　训练损失曲线图：TCN

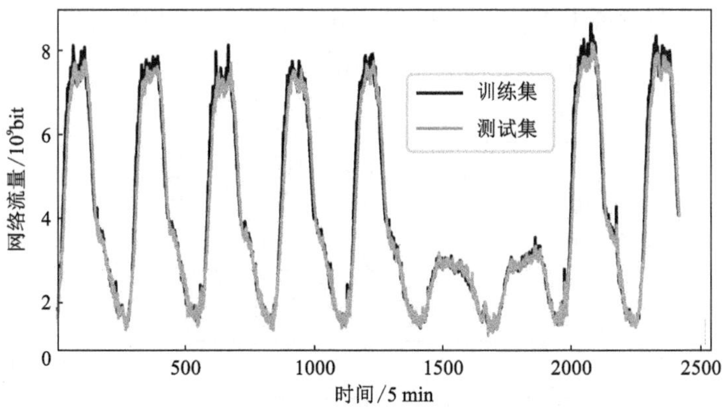

图 4-31　预测结果曲线图：TCN

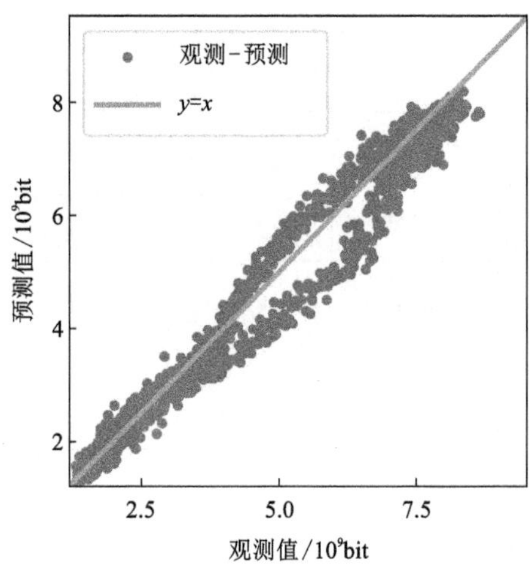

图 4-32　预测结果 Parity Plot 图：TCN

4.4 图神经网络

4.4.1　模型介绍

1. 图卷积网络(GCN)

图卷积网络(graph convolutional network, GCN)是一种基于一阶滤波器的多层图卷积神经网络，能够直接作用于图结构数据并利用其结构信息完成任务学习[44]。GCN 对任一节点及其邻接节点的特征进行聚合，继而实现节点特征的表示学习。通过堆叠多个图卷积层(graph convolutional layer, GCL),能够达到高阶多项式频率响应函数的滤波能力。

图卷积层的表达式如式(4-7)所示。

$$\boldsymbol{X}' = \sigma(\tilde{\boldsymbol{L}}_{sym}\boldsymbol{X}\boldsymbol{W}) \tag{4-7}$$

式中:$\tilde{\boldsymbol{L}}_{sym}$ 为重归一化的拉普拉斯矩阵,如式(4-8)所示;$\boldsymbol{X}$ 为输入图信号矩阵;$\boldsymbol{W}$ 为用于仿射变换的权重矩阵;σ 为激活函数;$\boldsymbol{X}'$为输出图信号矩阵。

$$\begin{cases} \tilde{\boldsymbol{L}}_{sym} = \tilde{\boldsymbol{D}}^{-\frac{1}{2}}\tilde{\boldsymbol{A}}\tilde{\boldsymbol{D}}^{-\frac{1}{2}} \\ \tilde{\boldsymbol{A}} = \boldsymbol{A} + \boldsymbol{I} \\ \tilde{D}_{ii} = \sum\limits_{j} \tilde{A}_{ij} \end{cases} \tag{4-8}$$

式中:$\boldsymbol{A}$ 为邻接矩阵;$\boldsymbol{I}$ 为单位矩阵;$\tilde{\boldsymbol{A}}$ 为有自连接的邻接矩阵;$\tilde{\boldsymbol{D}}$ 为 $\tilde{\boldsymbol{A}}$ 的度矩阵。

2. 图注意力网络(GAT)

图注意力网络(graph attention network, GAT)由图卷积网络和注意力机制整合而成[45]。其为目标节点的不同邻接节点赋予不同的权重,使得节点邻域内重要的节点在聚合过程中获得更多的关注。

节点 i 和节点 j 间的权重系数 α_{ij} 如式(4-9)所示。

$$\alpha_{ij} = \frac{\exp(\mathrm{LeakyReLU}(\boldsymbol{a}^{\mathrm{T}}[\boldsymbol{W}\boldsymbol{h}_i \parallel \boldsymbol{W}\boldsymbol{h}_j]))}{\sum\limits_{v_k \in \tilde{N}(v_i)} \exp(\mathrm{LeakyReLU}(\boldsymbol{a}^{\mathrm{T}}[\boldsymbol{W}\boldsymbol{h}_i \parallel \boldsymbol{W}\boldsymbol{h}_j]))} \tag{4-9}$$

式中:LeakyReLU 为激活函数;$\boldsymbol{a}$ 为用于相关度计算的神经网络层参数;$\boldsymbol{h}_i$ 为中心节点 v_i 的特征向量;$\boldsymbol{h}_j$ 为其邻接节点 v_j 的特征向量;$\boldsymbol{W}$ 为该层节点特征变换的权重参数;$\tilde{N}(v_i)$为节点 v_i 的邻接节点集合;$\parallel$ 代表特征拼接。

注意力系数计算完成后,按注意力机制加权求和即可得到目标节点的特征表示。图注意力层(graph attention layer, GAL)的聚合过程如式(4-10)所示。

$$\boldsymbol{h}_i' = \sigma\left(\sum_{v_j \in \tilde{N}(v_i)} \alpha_{ij}\boldsymbol{W}\boldsymbol{h}_j\right) \tag{4-10}$$

式中:$\boldsymbol{h}_i'$是节点 i 的新特征向量。

为提升图注意力层的表达能力,通常会选择使用多头注意力(multi-head attention)方式聚合由式(4-10)表达的 K 个独立的注意力机制,如式(4-11)所示。

$$\boldsymbol{h}'_i(K) = \mathop{\Big\|}_{k=1}^{K} \sigma\left(\sum_{v_j \in \tilde{N}(v_i)} \alpha_{ij}^{k}\boldsymbol{W}^{k}\boldsymbol{h}_j\right) \tag{4-11}$$

式中：$\boldsymbol{h}_i'(K)$是多头注意力计算得到的节点的新特征向量；$\|$代表特征拼接；α_{ij}^k代表第 k 个注意力机制对应的权重系数；$\boldsymbol{W}^k$ 代表第 k 个注意力机制对应的特征变换的权重参数。

GNN 要求的输入数据形状如图 4-33 所示，分为两部分，表征图拓扑结构的邻接矩阵和各节点的特征数据。节点特征数据的维度为 $N \times H \times D$，其中 N 为节点个数，H 为变量的历史值长度，D 为变量的个数。在静态图的情况下(多数情况下是这样)，H 个时刻的邻接矩阵是相同的，在每次前向传播中仅提供邻接矩阵 $\boldsymbol{A}$ 即可。若为动态图，H 个时刻的邻接矩阵并不相同，需要另外考虑。

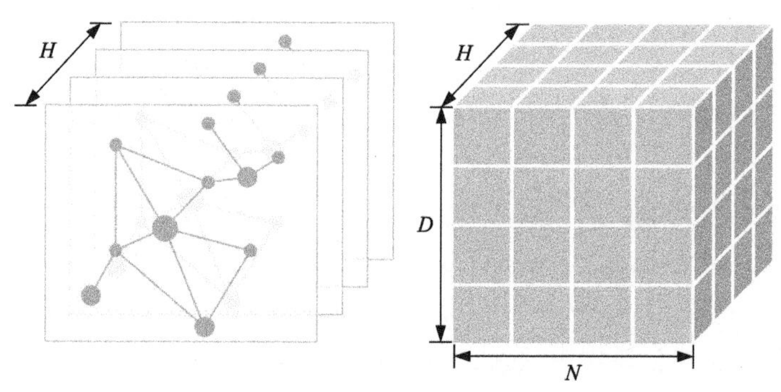

图 4-33　图神经网络(GNN)输入数据维度

本节的案例需要使用到 PyTorch Geometric 和 PyTorch Geometric Temporal 两个基于 PyTorch 构建的 Python 库，前者是基于 PyTorch 的图神经网络库，而后者是在前者的基础上进一步用于时间序列任务的拓展库，用于解决动态的和时序的图深度学习问题。使用以下指令安装上述两个拓展库：

```
pip install torch-geometric
pip install torch-geometric-temporal
```

4.4.2　实例：图卷积网络(GCN)空气污染指数预测

本案例使用图卷积网络(GCN)模型对空气质量指数(air quality index, AQI)时间序列进行建模预测。

1. 数据集

本案例使用的数据集为某地区 2021 年 2 月 1 日至 2021 年 2 月 28 日 35 个空气质量监测站点间隔每小时收集的空气质量指数数据。

本案例以各节点间的距离是否小于全部节点间的平均距离为依据，确定任意两节点间是否存在相连的边。此处仅使用距离阈值确定连接的方法是欠妥和有待改进的，读者可从节点间时变的相关关系等进行考虑并加以改进。

目标监测点[①]（编号为 0 号的节点）序列的曲线图及其训练测试样本划分如图 4-34 所示。前三周的数据用于构造训练集，最后一周的数据用于构造测试集。

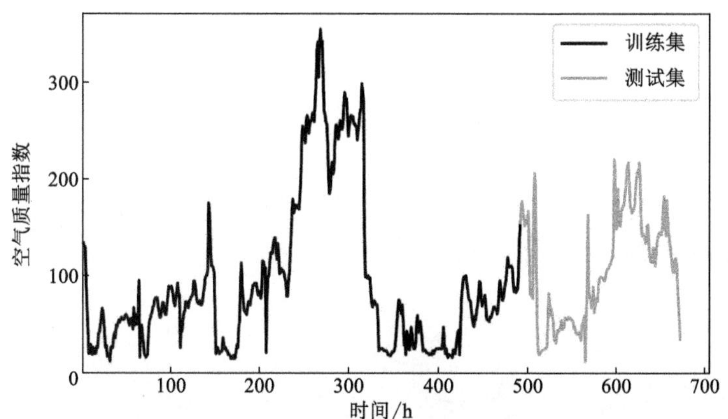

图 4-34　目标监测点空气质量指数数据及其划分

目标监测点序列的统计量如表 4-6 所示。

表 4-6　目标监测点空气质量指数数据统计量

序列长度	最大值	最小值	均值	标准差	偏度	峰度
672	354.00	12.00	96.49	73.42	1.26	0.95

2. 案例代码

本节构造的模型同时能够给出对各监测点的预测结果，但本案例中将只关注对目标站点的预测，并仅对目标站点的预测性能进行分析。

案例代码除包含主要预测流程代码的 Notebook 文件外，还包括一个用于定义时空图数据集加载器的 Python 脚本文件和一个用于定义模型结构的 Python 脚本文件。案例代码在代码 4-6~代码 4-8 中给出。

---

① 目标监测点，即分析研究中感兴趣的节点。在实际研究中应根据需要选取，本书中默认以 0 号节点为目标。

代码 4-6 给出了用于图卷积网络和图注意力网络的图时间序列数据集加载器类 GraphDatasetLoader。该类实现了用于初始化的__init__方法，用于读取数据文件的_read_local_data 方法，用于获取数据集长度的__len__方法、用于获取边结构的_get_edges 方法、用于获取边权重的_get_edge_weights 方法、用于获取特征和标签的_get_targets_and_features 方法、用于构建数据集的 get_dataset 方法以及用于训练测试样本划分的 train_test_split 方法。该类负责从硬盘读取数据文件并依据参数对数据集进行组织、重构和训练测试划分，并作为数据集加载器允许直接从其中遍历获取数据。该自定义模块在最后给出了模块测试代码，可直接运行该脚本文件以检查数据集情况。

代码 4-6　时空图数据集加载器定义

```
# ch4/ch4_4_gnn/dataset_loader.py
# 第三方库
import numpy as np
import pandas as pd
from torch_geometric_temporal.signal import StaticGraphTemporalSignal


class GraphDatasetLoader(object):
    """时空图数据集加载器
    """
    # 初始化

    def __init__(self, data_type, path_data, path_graph):
        """时空图数据集加载器初始化

        参数:
            data_type (string): 变量类型(aqi 或 traffic).
            path_data (string): 节点特征数据文件路径.
            path_graph (string): 图拓扑结构文件路径.
```

```
        """
        self._read_local_data(data_type, path_data, path_graph)

    def __len__(self):
        """获取数据集长度

        返回值:
            [int]: 数据集长度
        """
        return len(self.features)

    def _get_edges(self):
        """获取图中的边
        """
        self._edges = np.array(
            self._dataset["edges"]).T  # [2, num_edge]

    def _get_edge_weights(self):
        """获取图中边的权重
        """
        self._edge_weights = np.array(
            self._dataset["weights"]).T  # [num_edge, ]

    def _get_targets_and_features(self, H, num_train):
        """获取特征和标签

        参数:
            H (int): 输入历史数据长度.
            num_train (int): 用于构成训练集的序列长度.
```

```
        """
        # 归一化
        targets = np.array(self._dataset["x"])  # [L-H, N]
        self.min = np.min(targets[:num_train-H], axis=0)  # [N, ]
        self.max = np.max(targets[num_train-H:], axis=0)  # [N, ]
        targets = (targets - self.min) / (self.max - self.min)  # [L-H, N]

        # 构建特征 [[N, 1, H], [N, 1, H], ...]
        self.features = [np.expand_dims(targets[i:i+self.H, :].T, axis=1)
                         for i in range(targets.shape[0]-self.H)]

        # 构建标签 [[N, 1], [N, 1], ...]
        self.targets = [np.expand_dims(targets[i+self.H, :].T, axis=1)
                        for i in range(targets.shape[0]-self.H)]

    def _read_local_data(self, data_type, path_data, path_graph):
        """读取节点特征数据文件

        参数:
            data_type (string): 变量类型(aqi 或 traffic).
            path_data (string): 节点特征数据文件路径.
            path_graph (string): 图拓扑结构文件路径.
        """
        if data_type == 'aqi':
            info = ['datetime', 'type']
        elif data_type == 'traffic':
            info = ['id']
        else:
            print('错误数据类型')
```

```
            return

        # 读取节点特征
        df = pd.read_csv(path_data)
        nodes_names = df.columns[len(info):]
        self.x = df[nodes_names].values  # [L, N]

        # 读取邻接矩阵
        edges = []
        weights = []
        data = pd.read_csv(path_graph)
        for _, edge in data.iterrows():
            start, end, _ = int(edge['start']), int(edge['end']), edge['dist']
            edges.extend([[start, end], [end, start]])  # 同时加入双向两条边
            weights.extend([1, 1])  # 设置双向两条边的权重均为 1

        # 构建原始数据集
        self._dataset = {"x": self.x, "edges": edges, "weights": weights}

    def get_dataset(self, H, num_train, num_test):
        """获取数据集

        参数:
            H (int): 输入历史数据长度.
            num_train (int): 用于构成训练集的序列长度.
            num_test (int): 用于构成测试集的序列长度.

        返回值:
            [StaticGraphTemporalSignal]: 静态图时间信号数据集
```

```
        """
        self.H = H
        self.num_train = num_train
        self.num_test = num_test
        self._get_edges()
        self._get_edge_weights()
        self._get_targets_and_features(H, num_train)
        dataset = StaticGraphTemporalSignal(
            self._edges, self._edge_weights, self.features, self.targets)
        return dataset

    def train_test_split(self, dataset):
        """训练测试集划分

        参数:
            dataset (StaticGraphTemporalSignal): 静态图时间信号数据集.

        返回值:
            [StaticGraphTemporalSignal]: 训练集和测试集
        """
        return temporal_signal_split(
            dataset, self.num_train, self.num_test, self.H)


def temporal_signal_split(data_iterator, num_train, num_test, H):
    """训练测试样本划分

    参数:
        data_iterator (StaticGraphTemporalSignal): 静态图时间信号数据集.
```

```
            num_train (int): 训练集样本数量.
            num_test (int): 测试集样本数量.
            H (int): 输入历史数据长度.

        返回值:
            [StaticGraphTemporalSignal]: 训练集和测试集
        """
        train_snapshots = num_train - H
        test_snapshots = train_snapshots + num_test

        train_iterator = StaticGraphTemporalSignal(
            data_iterator.edge_index,
            data_iterator.edge_weight,
            data_iterator.features[0:train_snapshots],
            data_iterator.targets[0:train_snapshots]
        )

        test_iterator = StaticGraphTemporalSignal(
            data_iterator.edge_index,
            data_iterator.edge_weight,
            data_iterator.features[train_snapshots:test_snapshots],
            data_iterator.targets[train_snapshots:test_snapshots]
        )

        return train_iterator, test_iterator


if __name__ == '__main__':

```

```
    # 数据读取
    loader = GraphDatasetLoader(
        data_type='aqi',
        path_data='./data/data_aqi.csv',
        path_graph='./data/graph_aqi.csv'
    )

    # 创建数据集
    H = 12
    dataset = loader.get_dataset(
        H,
        num_train=7*24*3,  # 7 天/周 × 24 时/天 × 3 周
        num_test=7*24*1  # 7 天/周 × 24 时/天 × 1 周
    )

    # 训练测试划分
    train, test = loader.train_test_split(dataset)
    print(f'{train.snapshot_count=}, {test.snapshot_count=}')

    # 获取一个训练样本
    snapshot = next(iter(train))

    # 获取数据
    targets = snapshot.y
    inputs = snapshot.x
    inputs_edge = snapshot.edge_index
    print(f'{targets.shape=}, {inputs.shape=}, {inputs_edge.shape}')
```

代码 4-7 给出了图卷积网络(GCN)模型类和图注意力网络(GAT)模型类的定义。GCN 模型类继承自 PyTorch 的 Module 类，其方法包括用于初始化各网络层的__init__方法和用于定义前向传播流程的 forward 方法。在__init__方法中，使用 GCNConv 类初始化了两个 GCL 层，并使用 Linear 类初始化了一个线性层作为输出层。在 forward 方法中，首先对输入的特征数据维度进行变换，即合并特征维度和序列长度所在维度，随后将变换后的节点特征 x 及包含图结构信息的边数据 edge_index 输入至第一个 GCL 层进行特征学习。该层输出数据 y 经 Relu 激活函数激活后继续和边数据 edge_index 一同输入至第二个 GCL 层。第二个 GCL 层的输出经 Relu 激活后最终由线性层映射至模型输出。

GAT 模型类的基本内容同 GCN，但由于多头注意力机制的存在，需要注意各独立的注意力头输出特征的组合方法，以确定后续网络层的输入维度大小。本案例中选用 concat 方法拼接各特征，与式(4-11)相符。

代码 4-7　图神经网络模型结构定义

```
# ch4/ch4_4_gnn/model.py
# 第三方库
import torch
from torch_geometric.nn import GCNConv, GATConv


# 图卷积网络 GCN
class GCN(torch.nn.Module):

    def __init__(self, H=12, num_neurons=128):
        """图卷积网络 GCN 初始化

        参数:
            H (int, optional): 输入历史值长度. 默认为 12.
            num_neurons (int, optional): 神经元数量. 默认为 128.
        """
        super(GCN, self).__init__()
```

```
        # GCL 层
        self.conv_1 = GCNConv(
            in_channels=H,
            out_channels=num_neurons,
            improved=True,
            add_self_loops=True,
            normalize=True,
            bias=True
        )
        # GCL 层
        self.conv_2 = GCNConv(
            in_channels=num_neurons,
            out_channels=num_neurons,
            improved=True,
            add_self_loops=True,
            normalize=True,
            bias=True
        )
        # 线性层/输出层
        self.linear = torch.nn.Linear(
            in_features=num_neurons,
            out_features=1,
            bias=True
        )

    def forward(self, x, edge_index):
        """图卷积网络 GCN 前向传播

        参数:
```

```
            x (torch.Tensor): 节点特征.
            edge_index (torch.Tensor): 边.

        返回值:
            [torch.Tensor]: 图卷积网络 GCN 前向传播结果
        """
        x = x.squeeze()  # [N, D, H] -> [N, H], D=1 合并 D 和 H 所在维度
        y = self.conv_1(x, edge_index)  # [N, H] -> [N, num_neurons]
        y.relu()  # Relu 激活

        y = self.conv_2(y, edge_index)  # [N, num_neurons] -> [N, num_neurons]
        y.relu()  # Relu 激活

        y = self.linear(y)  # [N, num_neurons] -> [N, 1]
        return y


# 图注意力网络 GAT
class GAT(torch.nn.Module):

    def __init__(self, H=12, num_neurons=128, num_heads=3):
        """图注意力网络 GAT 初始化

        参数:
            H (int, optional): 输入历史值长度. 默认为 12.
            num_neurons (int, optional): 神经元数量. 默认为 128.
            num_heads (int, optional): 多头注意力数量. 默认为 3.
        """
        super(GAT, self).__init__()
```

```
        # GAT 层
        self.conv_1 = GATConv(
            in_channels=H,
            out_channels=num_neurons,
            heads=num_heads,
            concat=True,
            add_self_loops=True,
            bias=True
        )
        # GAT 层
        self.conv_2 = GATConv(
            in_channels=num_neurons*num_heads,
            out_channels=num_neurons,
            heads=num_heads,
            concat=True,
            add_self_loops=True,
            bias=True
        )
        # 线性层/输出层
        self.linear = torch.nn.Linear(
            in_features=num_neurons*num_heads,
            out_features=1,
            bias=True
        )

    def forward(self, x, edge_index):
        """图注意力网络 GAT 前向传播

        参数:
```

```
            x (torch.Tensor): 节点特征.
            edge_index (torch.Tensor): 边.

        返回值:
            [torch.Tensor]: 图注意力网络 GAT 前向传播结果
        """
        x = x.squeeze()  # [N, D, H] -> [N, H], D=1 合并 D 和 H 所在维度
        y = self.conv_1(x, edge_index)  # [N, H] -> [N, num_neurons]
        y.relu()  # Relu 激活

        y = self.conv_2(y, edge_index)  # [N, num_neurons] -> [N, num_neurons]
        y.relu()  # Relu 激活

        y = self.linear(y)  # [N, num_neurons] -> [N, 1]
        return y


if __name__ == '__main__':

    # GCN 模型测试
    model = GCN(12, 128)
    inputs = torch.rand(35, 1, 12)  # [N, D, H]
    inputs_edge = torch.randint(0, 35, size=(2, 926))  # [N, num_edges]
    outputs = model(inputs, inputs_edge)
    print(inputs.shape, outputs.shape)

    # GAT 模型测试
    model = GAT(12, 128, 3)
    inputs = torch.rand(35, 1, 12)  # [N, D, H]
```

```
        inputs_edge = torch.randint(0, 35, size=(2, 926))  # [N, num_edges]
        outputs = model(inputs, inputs_edge)
        print(inputs.shape, outputs.shape)
```

代码 4-8 给出了使用图卷积网络实现的空气质量指数预测流程。1~16 行导入了各类 Python 库及模块；18~22 行针对全局绘图参数进行了设置；24~48 行完成了数据集构建和划分，并打印出了关键数据信息供查看；50~60 行对目标节点的数据进行了统计分析和可视化；65~83 行依次定义了训练设备、GCN 模型实例、优化器、调度器和损失函数，并最终打印出模型结构供查看；85~132 行完成模型训练并将训练得到的模型持久化到硬盘，需要注意，使用训练误差指导学习率调整可能会导致模型过拟合，读者可预先划分验证集并使用验证误差指导学习率调度；134~156 行使用训练完毕的 GCN 模型对测试集进行推理；158~166 行对模型原始推理进行反归一化和异常值过滤；168~171 行对目标节点的预测误差评价指标进行了计算；173~200 行对训练损失和预测结果进行可视化，额外给出了各节点预测误差分布图。

代码 4-8　图卷积网络(GCN)空气质量指数预测

```
1. # ch4/ch4_4_gnn/gcn.ipynb
2. # 标准库
3. import sys
4.
5. # 第三方库
6. import numpy as np
7. import tqdm
8. import torch
9.
10. # 自定义模块
11. sys.path.append('./../../')
12. import utils.dataset as d
13. import utils.metrics as m
14. import utils.plot as p
```

```
from dataset_loader import GraphDatasetLoader
from model import GCN

# 绘图参数
name_model = 'GCN'
name_var = '空气质量指数'
name_unit = ''
p.set_matplotlib(plot_dpi=80, save_dpi=600, font_size=12)

# 数据读取
loader = GraphDatasetLoader(
    data_type='aqi',
    path_data='./data/data_aqi.csv',
    path_graph='./data/graph_aqi.csv'
)

# 创建数据集
H = 12
N = 35
dataset = loader.get_dataset(
    H,
    num_train=7*24*3,  # 7 天/周 × 24 时/天 × 3 周
    num_test=7*24*1   # 7 天/周 × 24 时/天 × 1 周
)
train, test = loader.train_test_split(dataset)

# 查看样本信息
print(f'样本数量: {dataset.snapshot_count}')
print(f'训练样本: {train.snapshot_count}')
```

```
print(f'测试样本: {test.snapshot_count}')
print(f'特征: {dataset.features[0].shape}')
print(f'标签: {dataset.targets[0].shape}')
print(f'边: {dataset.edge_index.shape}')
print(f'权重: {dataset.edge_weight.shape}')

# 数据集分析和可视化
target_node_id = 0  # 仅关注目标节点(0 号节点)
target_series = loader.x[:, target_node_id]
d.stats(target_series)
p.plot_dataset(
    train=target_series[:7*24*3-H],
    test=target_series[7*24*3-H:],
    xlabel='时间/h',
    ylabel=f'{name_var}/{name_unit}',
    fig_name=f'{name_model}_序列'
)

# 训练设备
DEVICE = torch.device('cuda' if torch.cuda.is_available() else 'cpu')

# 模型构建
model = GCN(H, num_neurons=128).to(DEVICE)
# 优化器
optimizer = torch.optim.Adam(model.parameters(), lr=0.001)
# 学习率调度器
scheduler = torch.optim.lr_scheduler.ReduceLROnPlateau(
    optimizer,
    mode='min',
```

```
        factor=0.5,
        patience=25,
        threshold=1E-3,
        threshold_mode='rel',
        cooldown=30,
        verbose=True)
# 损失函数
loss_func = torch.nn.MSELoss()

# 模型查看
print(model)

# 训练集-训练
num_epoch = 100
loss_train = np.empty(num_epoch)
bar = tqdm.trange(num_epoch, ncols=100)
model.train()
for epoch in bar:

    # 初始化
    bar.set_description(f'Epoch: {epoch+1}')
    loss_epoch = np.empty(train.snapshot_count)
    cost = 0

    # 迭代全部训练样本
    for batch_id, snapshot in enumerate(train):

        # 获取数据
        targets = snapshot.y.to(DEVICE)
```

```
        inputs = snapshot.x.to(DEVICE)
        inputs_edge = snapshot.edge_index.to(DEVICE)

        # 前向传播
        outputs = model(inputs, inputs_edge)

        # 损失计算
        loss = loss_func(outputs, targets).to(DEVICE)
        cost += loss

        # 当前批次损失
        loss_epoch[batch_id] = loss.item()

    # 误差反向传播
    cost.backward()

    # 更新模型参数
    optimizer.step()
    optimizer.zero_grad()

    # 训练损失
    loss_train[epoch] = np.mean(loss_epoch)

    # 调度器
    scheduler.step(loss_train[epoch])

    # 更新进度显示
    bar.set_postfix(loss=f'{loss_train[epoch]:.6f}')

```

```
# 模型持久化
torch.save(model, './model/gcn.pkl')

# 测试集-预测
y_true = np.empty([test.snapshot_count, N])
y_pred = np.empty([test.snapshot_count, N])
model.eval()
with torch.no_grad():

    # 迭代全部测试样本
    for batch_id, snapshot in enumerate(test):

        # 获取数据
        targets = snapshot.y.to(DEVICE)
        inputs = snapshot.x.to(DEVICE)
        inputs_edge = snapshot.edge_index.to(DEVICE)

        # 前向传播
        outputs = model(inputs, inputs_edge)

        # 损失计算
        loss = loss_func(outputs, targets).to(DEVICE)

        # 存储测试集真值和预测值
        y_true[batch_id] = targets.detach().cpu().numpy().squeeze()
        y_pred[batch_id] = outputs.detach().cpu().numpy().squeeze()

# 反归一化
minimum = loader.min
```

```
maximum = loader.max
base = maximum-minimum
y_true = y_true*base+minimum  # [num_test, N]×[N,]+[N,] -> [num_test, N] × [N,]
y_pred = y_pred*base+minimum  # [num_test, N]×[N,]+[N,] -> [num_test, N] × [N,]

# 去除异常值
y_pred = np.clip(y_pred, 0, 500)  # AQI 取值范围 0-500

# 测试集-误差计算
y_ture_target_station = y_true[:, target_node_id]
y_pred_target_station = y_pred[:, target_node_id]
m.all_metrics(y_true=y_ture_target_station, y_pred=y_pred_target_station)

# 可视化
p.plot_losses(
    train_loss=loss_train,
    xlabel='迭代/次',
    ylabel='损失',
    fig_name=f'{name_model}_损失'
)
p.plot_results(
    y_true=y_ture_target_station,
    y_pred=y_pred_target_station,
    xlabel='时间/h',
    ylabel=f'{name_var}/{name_unit}',
    fig_name=f'{name_model}_预测曲线'
)
p.plot_parity(
    y_true=y_ture_target_station,
```

```
        y_pred=y_pred_target_station,
        xlabel=f'观测值/{name_unit}',
        ylabel=f'预测值/{name_unit}',
        fig_name=f'{name_model}_Parity'
)
p.plot_metrics_distribution(
        y_true=y_true,
        y_pred=y_pred,
        xlabel='节点编号',
        ylabel=f'{name_var}/{name_unit}',
        fig_name=f'{name_model}_误差分布'
)
```

3. 结果分析

预测代码的执行结果在输出 4-6 中给出。

输出 4-6　图卷积网络(GCN)空气质量指数预测

```
# ch4/ch4_4_gnn/gcn.ipynb (执行输出)
样本数量：660
训练样本：492
测试样本：168
特征：(35, 1, 12)
标签：(35, 1)
边：(2, 926)
权重：(926, )

GCN(
  (conv_1)：GCNConv(12, 128)
  (conv_2)：GCNConv(128, 128)
```

```
  (linear): Linear(in_features=128, out_features=1, bias=True)
)
Epoch: 100: 100%|█████| 100/100 [01:12<00:00,    1.38it/s, loss=0.015709]


mse=625.835
rmse=25.017
mae=16.282
mape=20.165%
sde=24.944
r2=0.799
pcc=0.896
```

值得注意的是，在使用图深度学习解决时间序列预测问题时，由于节点特征张量维度中多出了节点数量所在的维度，该维度占据了非 GNN 模型批尺寸(batch size)所在的维度。为此，在 GNN 模型的训练过程中，通常进行的优化策略是随机梯度下降，即每次前向传播和误差反向传递仅使用一个样本。在这种情况下，训练速度会显著降低。

代码中绘制的各类图形如图 4-35~图 4-38 所示，分别为训练损失曲线图、预测结果曲线图、预测结果 Parity Plot 图和各节点误差分布图。

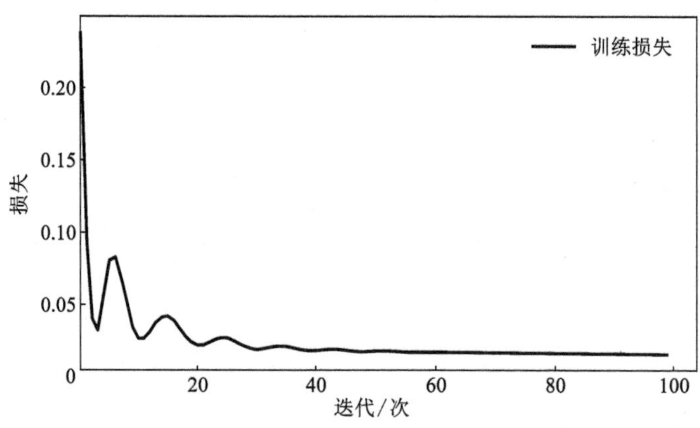

图 4-35　训练损失曲线图：GCN

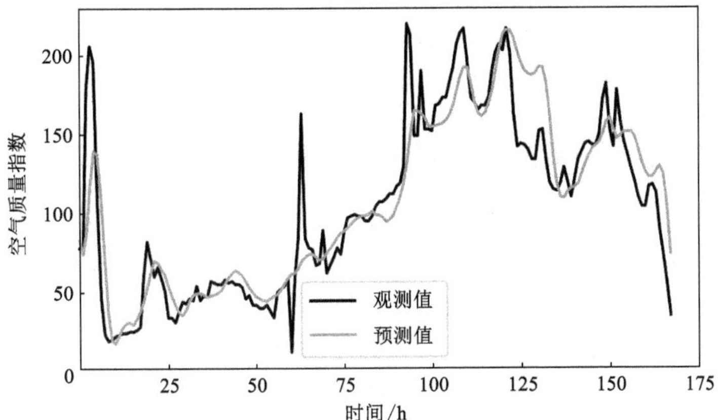

图 4-36　预测结果曲线图：GCN

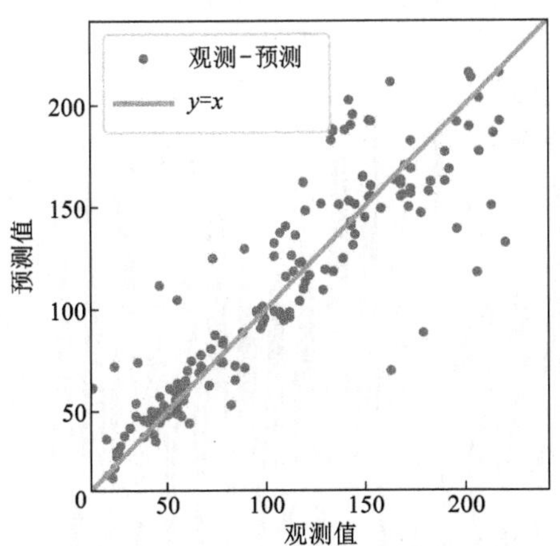

图 4-37　预测结果 Parity Plot 图：GCN

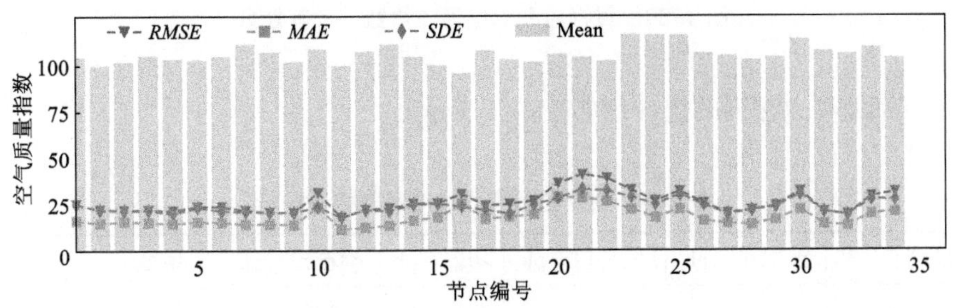

图 4-38　各节点误差分布图：GCN

各节点误差分布图中给出了 GCN 模型对全部 35 个空气质量监测站点预测结果的误差，包括 *RMSE*、*MAE* 和 *SDE*，同时给出了各监测点的空气质量指数平均值。

4.4.3 实例：图注意力网络(GAT)交通流量预测

本案例使用图注意力网络(GAT)模型对交通流量时间序列进行建模预测。

1. 数据集

数据集为 2018 年 1 月 1 日至 2018 年 2 月 28 日 29 条道路上 307 个探测器每 5 分钟收集的交通流量数据。目标监测点(编号为 0 号的节点)序列的曲线图及其训练测试样本划分如图 4-39 所示。为降低训练成本，本案例中截取了四周的数据记录，并使用前三周的数据构造训练集训练 GAT 模型，使用最后一周的数据对模型性能进行测试。

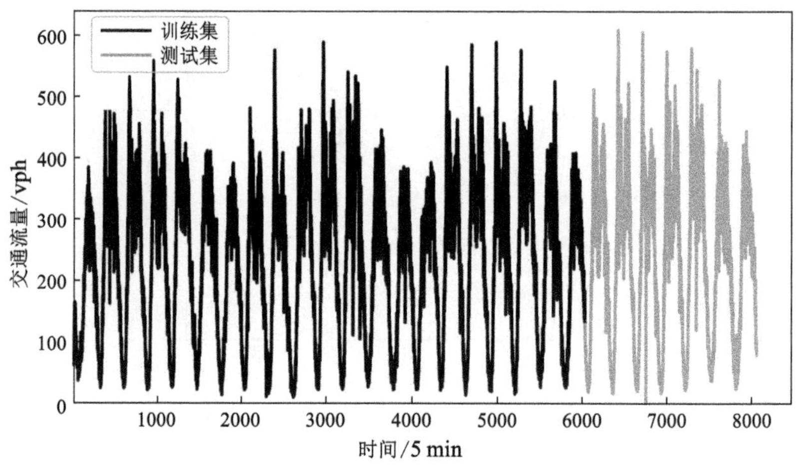

图 4-39　目标监测点交通流量数据及其划分

目标监测点序列的统计量如表 4-7 所示。

表 4-7　目标监测点交通流量数据统计量

序列长度	最大值/vph	最小值/vph	均值/vph	标准差/vph	偏度	峰度
8064	608	0	236.68	130.29	-0.08	-1.04

2. 案例代码

案例代码除包含主要预测流程代码的 Notebook 文件外，还包括一个用于定义时空图数据集加载器的 Python 脚本文件和一个用于定义模型结构的 Python 脚本文件。GAT 部分的案例代码在代码 4-9 中给出，数据加载器和模型结构定义在代码 4-6 和代码 4-7 中已经给出。

代码 4-9 给出了使用图注意力网络实现的时空交通流预测流程。1~16 行导入各类库和模块；18~22 行定义了绘图参数；24~48 行定义了数据集加载器并完成了训练测试样本划分；50~60 行对目标节点的交通流量时间序列数据进行了统计分析和可视化；62~83 行初始化了训练设备、图注意力网络模型、优化器、学习率调度器和损失函数等并打印了模型结构供查看；85~132 行对构建的模型进行了训练并将训练得到的模型保存到硬盘进行持久化；134~156 行使用模型对测试数据进行了推理预测；158~168 行对模型输出数据进行了反归一化和异常值处理；170~173 行截取了目标站点的观测值和对应的模型预测，并计算了各类误差评价指标；175~202 行对训练过程和模型预测进行了可视化。

代码 4-9　图注意力网络(GAT)交通流量预测

```
1. # ch4/ch4_4_gnn/gat.ipynb
2. # 标准库
3. import sys
4.
5. # 第三方库
6. import numpy as np
7. import tqdm
8. import torch
9.
10. # 自定义模块
11. sys.path.append('./../../')
12. import utils.dataset as d
13. import utils.metrics as m
14. import utils.plot as p
```

```
from dataset_loader import GraphDatasetLoader
from model import GAT

# 绘图参数
name_model = 'GAT'
name_var = '交通流量'
name_unit = 'vph'
p.set_matplotlib(plot_dpi=80, save_dpi=600, font_size=12)

# 数据读取
loader = GraphDatasetLoader(
    data_type='traffic',
    path_data='./data/data_traffic.csv',
    path_graph='./data/graph_traffic.csv'
)

# 创建数据集
H = 12
N = 307
dataset = loader.get_dataset(
    H,
    num_train=7*24*12*3,  # 7 天/周 × 24 时/天 × 12 记录/时 × 3 周
    num_test=7*24*12*1    # 7 天/周 × 24 时/天 × 12 记录/时 × 1 周
)
train, test = loader.train_test_split(dataset)

# 查看样本信息
print(f'样本数量: {dataset.snapshot_count}')
print(f'训练样本: {train.snapshot_count}')
```

```
print(f'测试样本: {test.snapshot_count}')
print(f'特征: {dataset.features[0].shape}')
print(f'标签: {dataset.targets[0].shape}')
print(f'边: {dataset.edge_index.shape}')
print(f'权重: {dataset.edge_weight.shape}')

# 数据集分析和可视化
target_node_id = 0  # 仅关注目标节点(0 号节点)
target_series = loader.x[:, target_node_id]
d.stats(target_series)
p.plot_dataset(
    train=target_series[:7*24*12*3-H],
    test=target_series[7*24*12*3-H:],
    xlabel='时间/5 min',
    ylabel=f'{name_var}/{name_unit}',
    fig_name=f'{name_model}_序列'
)

# 训练设备
DEVICE = torch.device('cuda' if torch.cuda.is_available() else 'cpu')

# 模型构建
model = GAT(H, num_neurons=32, num_heads=2).to(DEVICE)
# 优化器
optimizer = torch.optim.Adam(model.parameters(), lr=0.001)
# 学习率调度器
scheduler = torch.optim.lr_scheduler.ReduceLROnPlateau(
    optimizer,
    mode='min',
```

```
    factor=0.5,
    patience=25,
    threshold=1E-3,
    threshold_mode='rel',
    cooldown=30,
    verbose=True)
# 损失函数
loss_func = torch.nn.MSELoss()

# 模型查看
print(model)

# 训练集-训练
num_epoch = 100
loss_train = np.empty(num_epoch)
bar = tqdm.trange(num_epoch, ncols=100)
model.train()
for epoch in bar:

    # 初始化
    bar.set_description(f'Epoch: {epoch+1}')
    loss_epoch = np.empty(train.snapshot_count)
    cost = 0

    # 迭代全部训练样本
    for batch_id, snapshot in enumerate(train):

        # 获取数据
        targets = snapshot.y.to(DEVICE)
```

```
            inputs = snapshot.x.to(DEVICE)
            inputs_edge = snapshot.edge_index.to(DEVICE)

            # 前向传播
            outputs = model(inputs, inputs_edge)

            # 损失计算
            loss = loss_func(outputs, targets).to(DEVICE)
            cost += loss

            # 当前批次损失
            loss_epoch[batch_id] = loss.item()

        # 误差反向传播
        cost.backward()

        # 更新模型参数
        optimizer.step()
        optimizer.zero_grad()

        # 训练损失
        loss_train[epoch] = np.mean(loss_epoch)

        # 调度器
        scheduler.step(loss_train[epoch])

        # 更新进度显示
        bar.set_postfix(loss=f'{loss_train[epoch]:.6f}')

```

```
# 模型持久化
torch.save(model, './model/gat.pkl')

# 测试集-预测
y_true = np.empty([test.snapshot_count, N])
y_pred = np.empty([test.snapshot_count, N])
model.eval()
with torch.no_grad():

    # 迭代全部测试样本
    for batch_id, snapshot in enumerate(test):

        # 获取数据
        targets = snapshot.y.to(DEVICE)
        inputs = snapshot.x.to(DEVICE)
        inputs_edge = snapshot.edge_index.to(DEVICE)

        # 前向传播
        outputs = model(inputs, inputs_edge)

        # 损失计算
        loss = loss_func(outputs, targets).to(DEVICE)

        # 存储测试集真值和预测值
        y_true[batch_id] = targets.detach().cpu().numpy().squeeze()
        y_pred[batch_id] = outputs.detach().cpu().numpy().squeeze()

# 反归一化
minimum = loader.min
```

```
maximum = loader.max
base = maximum-minimum
# [num_test, N]×[N,]+[N,] -> [num_test, N] × [N,]
y_true = y_true*base+minimum
# [num_test, N]×[N,]+[N,] -> [num_test, N] × [N,]
y_pred = y_pred*base+minimum

# 去除异常值
y_pred[np.where(y_pred < 0)] = 0  # 防止出现负交通流量

# 测试集-误差计算
y_ture_target_station = y_true[:, target_node_id]
y_pred_target_station = y_pred[:, target_node_id]
m.all_metrics(y_true=y_ture_target_station, y_pred=y_pred_target_station)

# 可视化
p.plot_losses(
    train_loss=loss_train,
    xlabel='迭代/次',
    ylabel='损失',
    fig_name=f'{name_model}_损失'
)
p.plot_results(
    y_true=y_ture_target_station,
    y_pred=y_pred_target_station,
    xlabel='时间/5 min',
    ylabel=f'{name_var}/{name_unit}',
    fig_name=f'{name_model}_预测曲线'
)
```

```
p.plot_parity(
    y_true=y_ture_target_station,
    y_pred=y_pred_target_station,
    xlabel=f'观测值/{name_unit}',
    ylabel=f'预测值/{name_unit}',
    fig_name=f'{name_model}_Parity'
)
p.plot_metrics_distribution(
    y_true=y_true,
    y_pred=y_pred,
    xlabel='节点编号',
    ylabel=f'{name_var}/{name_unit}',
    fig_name=f'{name_model}_误差分布'
)
```

3. 结果分析

预测代码的执行结果在输出 4-7 中给出。

输出 4-7　图注意力网络(GAT)交通流量预测

```
# ch4/ch4_4_gnn/gat.ipynb (执行输出)
样本数量：8052
训练样本：6036
测试样本：2016
特征：(307, 1, 12)
标签：(307, 1)
边：(2, 680)
权重：(680, )


GAT(
```

```
  (conv_1): GATConv(12, 32, heads=2)
  (conv_2): GATConv(64, 32, heads=2)
  (linear): Linear(in_features=64, out_features=1, bias=True)
)
Epoch: 100: 100% |█████| 100/100 [21: 59<00: 00, 13.20s/it, loss=0.009279]

mse=2316.032
rmse=48.125
mae=35.387
mape=105930638.863%
sde=46.672
r2=0.875
pcc=0.939
```

可以注意到，测试结果的 *MAPE* 指标出现了异常，其数值非常之大。这通常是由于原始采集到的时序数据中存在一些接近 0 或等于 0 的值(如表 4-7 所示最小值为 0)，导致 *MAPE* 的计算出现较大偏差。因此，*MAPE* 作为一个可能会出现异常的指标，其应用有时是受限的。

代码中绘制的各类图形如图 4-40～图 4-43 所示，分别为训练损失曲线图、预测结果曲线图、预测结果 Parity Plot 图和各节点误差分布图。

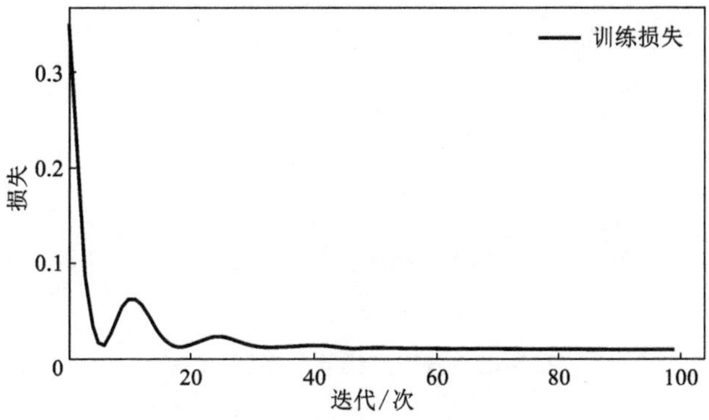

图 4-40　训练损失曲线图：GAT

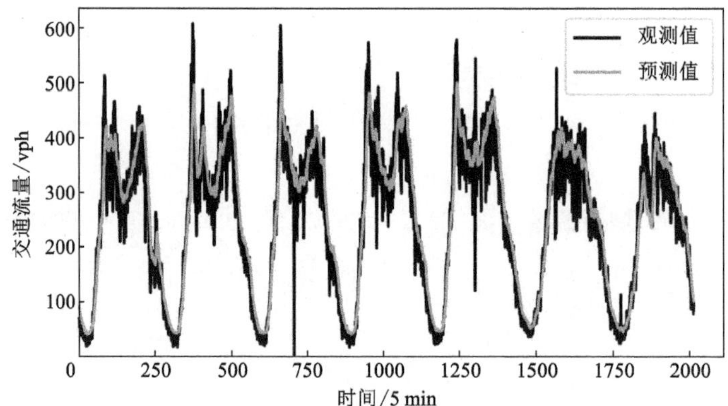

图 4-41　预测结果曲线图：GAT

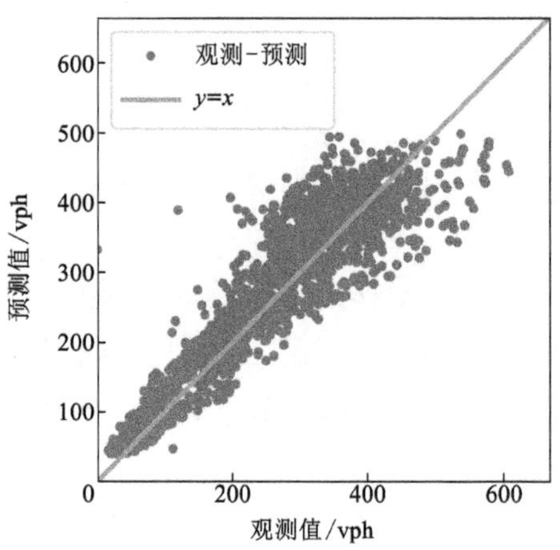

图 4-42　预测结果 Parity Plot 图：GAT

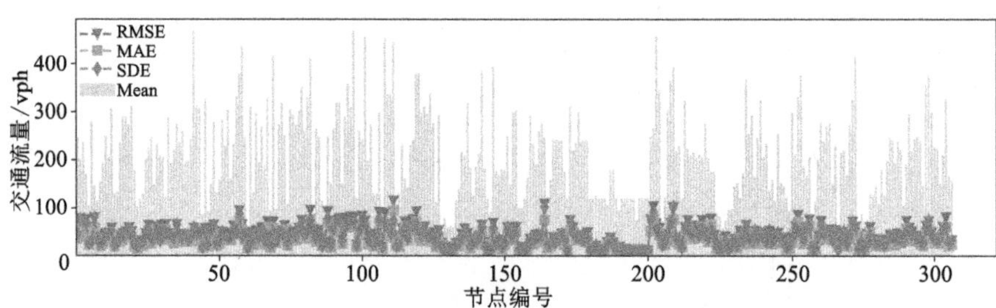

图 4-43　各节点误差分布图：GAT

4.5 注意力网络

4.5.1 模型介绍

多头自注意力(multi-head self attention, MHSA)机制在自然语言处理(natural language processing, NLP)领域取得了不错的成绩，同 LSTM 一样拥有处理长时间序列依赖的能力，更重要的是其支持并行计算，并且计算量相对较小，因此在时间序列预测领域具有不小的潜力[46]。

注意力机制围绕着三个关键变量：query、key 和 value。key 和 value 是一对来自原始数据的键值，而 query 和 key 类似，注意力机制就是凭借 key 和 query 的相似度来计算不同的注意力分数(attention score)，然后通过归一化得到不同的权重，再对不同的 value 进行加权操作。

自注意力机制与普通的注意力机制不同，它的 query、key 和 value 都来自它自身，具体的计算如式(4-12)所示。

$$\begin{aligned} \boldsymbol{Q} &= \boldsymbol{x} \cdot \boldsymbol{W}^{\text{query}} \\ \boldsymbol{K} &= \boldsymbol{x} \cdot \boldsymbol{W}^{\text{key}} \\ \boldsymbol{V} &= \boldsymbol{x} \cdot \boldsymbol{W}^{\text{value}} \end{aligned} \tag{4-12}$$

式中：$\boldsymbol{x}$ 为输入变量；$\boldsymbol{W}^{\text{query}}$、$\boldsymbol{W}^{\text{key}}$ 和 $\boldsymbol{W}^{\text{value}}$ 为权重矩阵。

用于衡量 query 和 key 之间的相似度或相关性的方法有很多种，常用的方法是取 query 和 key 的点积。为了规范计算出的注意力分数大小，需要对注意力分数使用 softmax 函数进行处理，使计算出的注意力权重满足概率归一化，如式(4-13)所示。

$$\hat{A} = \text{softmax}(A) \tag{4-13}$$

然后使用计算出的归一化注意力权重与 value 相乘，得到的最后结果如式(4-14)所示。

$$\text{result} = \hat{A} \cdot V \tag{4-14}$$

以上是单头自注意力机制的计算流程，而多头注意力在于它拥有多个计算 query、key 和 value 的权重矩阵，因而可以提取具有不同表达能力的特征。

多头自注意力机制可以被嵌入到多种神经网络模型的中间层，以提升模型性能。本节中将结合多头自注意力层的模型称为多头自注意力(MHSA)网络。

4.5.2　实例：多头自注意力(MHSA)网络温度预测

本案例使用多头自注意力(MHSA)网络模型对温度时间序列进行建模预测。

1. 数据集

数据集为 2020 年全年某环境状态监测站点记录的每小时大气温度数据，共包含 8784 个样本点，如图 4-44 所示，其中训练集占比 70%，测试集占比 30%。

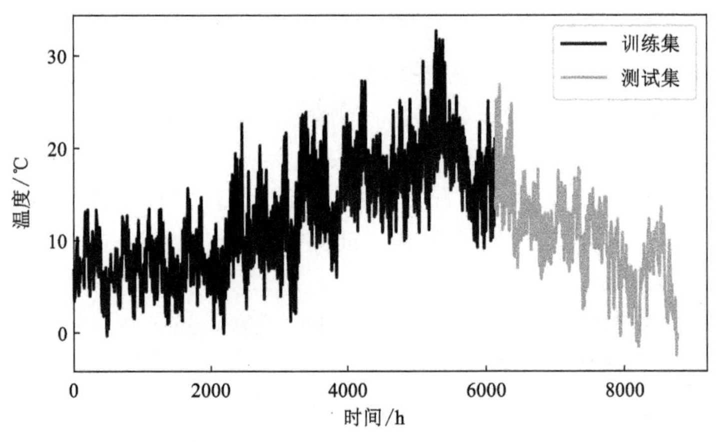

图 4-44　温度数据及其划分

本案例中未对数据进行归一化和反归一化处理，读者可自行补充实现。

该序列的统计量如表 4-8 所示。

表 4-8　温度数据统计量

序列长度	最大值/℃	最小值/℃	均值/℃	标准差/℃	偏度	峰度
8784	32. 77	-2. 53	11. 70	5. 72	0. 40	-0. 16

2. 案例代码

案例代码除包含主要预测流程代码的 Notebook 文件外，还包括一个用于定义头自注意力网络数据集的 Python 脚本文件和一个用于定义模型结构的 Python 脚本文件。案例代码在代码 4-10~代码 4-12 中给出。

代码 4-10 中给出了用于多头自注意力网络的时间序列数据集类 TimeDataset 的定义。该类继承自 PyTorch 的数据集类 Dataset，并实现了用于数据初始化的__init__方法、用于返回数据集总长度的__len__方法，以及用于获取单个样本的__getitem__方法。该类负责从硬盘读取数据文件并对时间序列数据进行重构，由其构造的数据集后续将被提供给 PyTorch 的数据集加载器 DatasetLoader 使用。该自定义模块在最后给出了模块测试代码，可直接运行该脚本文件以检查数据集情况。

代码 4-10 多头自注意力(MHSA)网络数据集定义

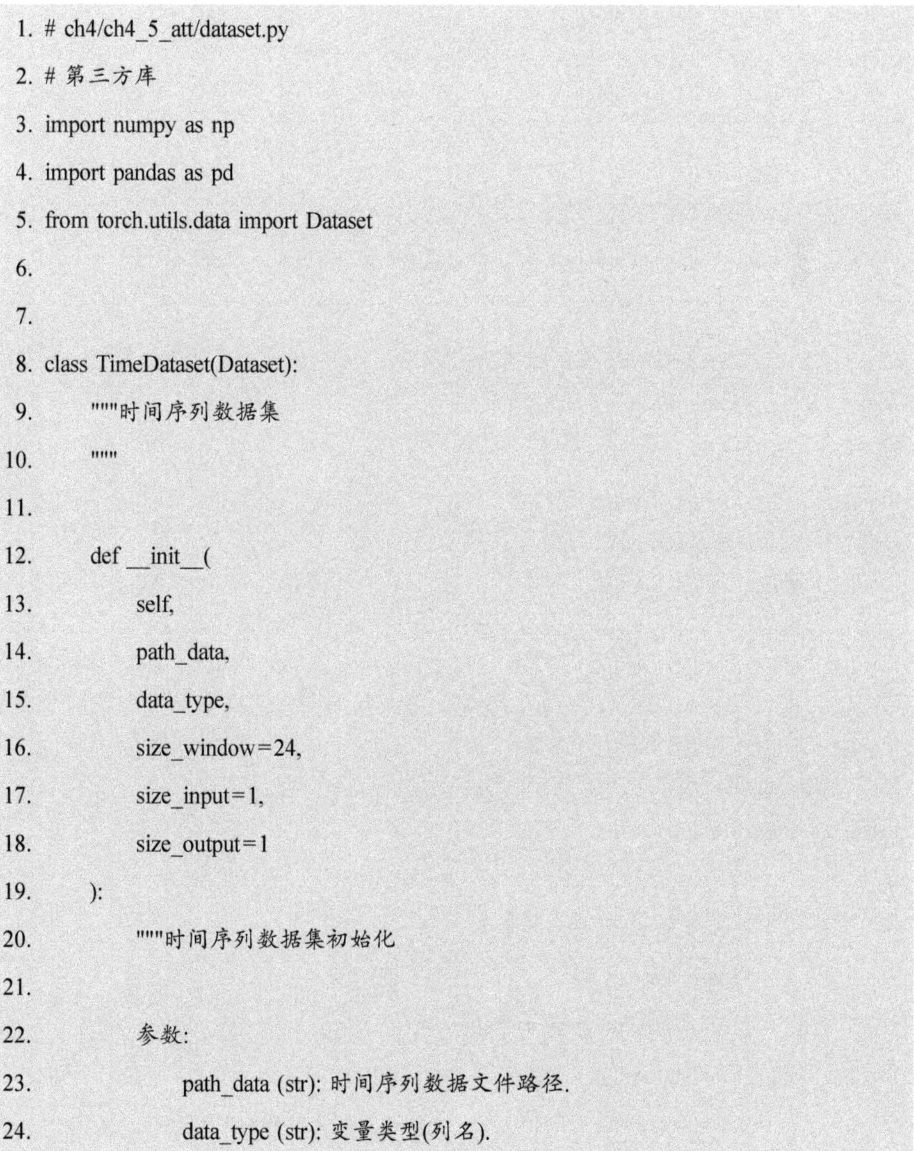

```
# ch4/ch4_5_att/dataset.py
# 第三方库
import numpy as np
import pandas as pd
from torch.utils.data import Dataset


class TimeDataset(Dataset):
    """时间序列数据集
    """

    def __init__(
        self,
        path_data,
        data_type,
        size_window=24,
        size_input=1,
        size_output=1
    ):
        """时间序列数据集初始化

        参数:
            path_data (str): 时间序列数据文件路径.
            data_type (str): 变量类型(列名).
```

```
            size_window (int, optional): 滑动窗口大小. 默认为 24.
            size_input (int, optional): 输入滑动窗口个数. 默认为 1.
            size_output (int, optional): 输出滑动窗口个数. 默认为 1.
        """
        # 加载数据
        data = pd.read_csv(path_data)
        data = data[ data_type ].values
        self.data = data

        # 划分滑动窗口
        data = np.split(   # 由滑动窗口组成的列表, 各窗口不重叠
            data,
            int(len(data) / size_window),
            axis=0
        )

        # 获取数据长度
        size_all = len(data)
        size_group = size_input + size_output

        # 获取数据特征和标签
        inputs = [ ]
        targets = [ ]

        # 遍历构造数据特征和标签
        for i in range(size_all):
            if i + size_group > size_all:
                break
            inputs.append(   # 追加 size_input 个滑动窗口组成的列表
```

```
                    data[ i:i+size_input])
            targets.append(  # 追加 size_output 个滑动窗口组成的列表
                    data[ i+size_input:i+size_input+size_output])

        # 重构为 numpy 数组
        self.inputs = np.array(inputs)        # [ sum_B, size_input, H]
        self.targets = np.array(targets)   # [ sum_B, size_output, H]

    def __len__(self):
        """获取数据集长度

        返回值:
            [ int]: 数据集长度
        """
        return len(self.inputs)

    def __getitem__(self, idx):
        """获取一个数据样本

        参数:
            idx (int): 样本索引.

        返回值:
            [ cell]: 数据特征及数据标签
        """
        return self.inputs[ idx, :, :], self.targets[ idx, :, :]


if __name__ == '__main__':
```

```

    # 测试
    data = TimeDataset('./data/data_temp.csv', 'AirTemp', 24, 1, 1)
    print(data.inputs.shape)
    print(data.targets.shape)
```

代码 4-11 给出了多头自注意力网络模型类 MultiheadsSelfAttention 的定义。该模型类继承自 PyTorch 的 Module 类，实现了用于初始化模型各网络层结构的__init__方法以及用于进行网络数据前向传播的 forward 方法。在__init__方法中，使用 3 个 Linear 线性层分别实现了多头自注意力所需的 query、key 和 value，此外还包含一个 MultiheadAttention 多头注意力层和作为输出层的 Linear 层。在 forward 方法中，首先依据输入数据依次计算 query、key 和 value，随后将其传递至多头注意力层进行计算，经 Relu 激活函数激活后，由输出层给出最终预测结果。该自定义模块同样给出了测试代码，可直接运行该脚本文件进行模型测试。

代码 4-11　多头自注意力(MHSA)网络模型结构定义

```
# ch4/ch4_5_att/model.py
# 第三方库
import torch
import torch.nn as nn


# 多头自注意力网络
class MultiheadsSelfAttention(nn.Module):

    def __init__(self, dim_input, num_neurons, dim_output, num_heads):
        """多头自注意力网络初始化

        参数:
```

```
            dim_input (int): 输入数据维度.
            num_neurons (int): 神经元数量.
            dim_output (int): 输出数据维度.
            num_heads (int): 并行多头注意力的数量.
        """
        super(MultiheadsSelfAttention, self).__init__()
        # query
        self.query = nn.Linear(
            in_features=dim_input,
            out_features=num_neurons,
            bias=True
        )
        # key
        self.key = nn.Linear(
            in_features=dim_input,
            out_features=num_neurons,
            bias=True
        )
        # value
        self.value = nn.Linear(
            in_features=dim_input,
            out_features=num_neurons,
            bias=True
        )
        # 多头注意力层
        self.attention = nn.MultiheadAttention(
            embed_dim=num_neurons,
            num_heads=num_heads,
            bias=True,
```

```
                batch_first=True
        )
        # 线性层/输出层
        self.linear = nn.Linear(num_neurons, dim_output)

    def forward(self, x):
        """多头自注意力网络前向传播

        参数:
            x (torch.Tensor): 样本特征.

        返回值:
            [torch.Tensor]: 多头自注意力网络前向传播结果
        """
        # [B, size_input, dim_input] -> [B, size_input, num_neurons]
        q = self.query(x)
        # [B, size_input, dim_input] -> [B, size_input, num_neurons]
        k = self.key(x)
        # [B, size_input, dim_input] -> [B, size_input, num_neurons]
        v = self.value(x)

        output, _ = self.attention(q, k, v)  # [B, size_input, num_neurons]
        output.relu()

        output = self.linear(output)  # [B, size_input, dim_output]

        return output
```

```
if __name__ == '__main__':

    # 测试
    model = MultiheadsSelfAttention(24, 48, 24, 8)
    inputs = torch.rand(4, 1, 24)
    outputs = model(inputs)
    print(inputs.shape, outputs.shape)
```

代码 4-12 给出了使用多头自注意力网络实现的温度时间序列预测流程。1~16 行完成各类库及模块的导入；18~27 行对绘图和部分训练参数进行了设置；29~45 行读入数据集并进行训练测试划分，此处需注意，由于多头自注意力的特性，输出数据尺寸 size_output 需与输入数据尺寸 size_input 相等；47~57 行构建了训练和测试数据的加载器；59~67 行对原始温度时间序列进行了分析统计和可视化；69~85 行初始化了训练设备、多头自注意力网络模型、优化器和损失函数等，并打印出模型结构供查看；87~149 行对模型进行训练，并在训练过程中对验证/测试误差进行观察，需要注意，尽管在模型训练过程中使用测试集评估了模型性能，但由于该评估结果仅用于观察而未反作用于模型训练，因此该过程并未导致数据泄露；151~173 行对模型进行测试并重构模型输出结果；175~176 行依据预测和观测计算各类误差评价指标；178~199 行对模型训练过程和预测结果进行可视化。

代码 4-12　多头自注意力（MHSA）网络温度预测

```
1. # /ch4/ch4_5_att/att.ipynb
2. # 标准库
3. import sys
4.
5. # 第三方库
6. import numpy as np
7. import tqdm
8. import torch
9.
```

```
# 自定义模块
sys.path.append('./../../')
import utils.dataset as d
import utils.metrics as m
import utils.plot as p
from dataset import TimeDataset
from model import MultiheadsSelfAttention

# 绘图参数
name_model = 'MHSA'
name_var = '温度'
name_unit = '$ ^\circ C $'
p.set_matplotlib(plot_dpi=80, save_dpi=600, font_size=12)

# 参数设置
learning_rate = 0.001
num_epoch = 200
batch_size = 4

# 数据读取
data = TimeDataset(
        path_data='./data/data_temp.csv',
        data_type='AirTemp',
        size_window=24,
        size_input=1,
        size_output=1   # size_output 需与 size_input 相等
)
num_data = len(data)
print(f'{num_data=}')
```

```

# 训练测试划分
ratio_train = 0.7  # 训练样本比例
num_train = int(num_data*ratio_train)  # 训练样本数量
trainData = torch.utils.data.Subset(data, range(num_train))
testData = torch.utils.data.Subset(data, range(num_train, num_data))
print(f'{len(trainData)=}, {len(testData)=}')

# 数据集加载器
trainLoader = torch.utils.data.DataLoader(
    trainData,
    batch_size=batch_size,
    shuffle=True
)
testLoader = torch.utils.data.DataLoader(
    testData,
    batch_size=batch_size,
    shuffle=False
)

# 数据集分析和可视化
d.stats(data.data)
p.plot_dataset(
    train=data.data[:(len(trainData)+1)*24],
    test=data.data[(len(trainData)+1)*24:],
    xlabel='时间/h',
    ylabel=f'{name_var}/{name_unit}',
    fig_name=f'{name_model}_序列'
)
```

```

# 训练设备
DEVICE = torch.device('cuda' if torch.cuda.is_available() else 'cpu')

# 模型构建
model = MultiheadsSelfAttention(
    dim_input=24,
    num_neurons=48,
    dim_output=24,
    num_heads=8
).to(DEVICE)
# 优化器
optimizer = torch.optim.Adam(model.parameters(), lr=learning_rate)
# 损失函数
loss_func = torch.nn.MSELoss()

# 模型查看
print(model)

# 训练集-训练
loss_train = [ ]
loss_test = [ ]
bar = tqdm.trange(num_epoch, ncols=100)
for epoch in bar:

    # 初始化
    bar.set_description(f'Epoch: {epoch+1}')
    loss_epoch = [ ]
    model.train()
```

```
    # 迭代全部训练样本
    for i, data in enumerate(trainLoader):

        # 获取数据
        targets = data[1].to(DEVICE).float()
        inputs = data[0].to(DEVICE).float()

        # 前向传播
        outputs = model(inputs)

        # 损失计算
        loss = loss_func(outputs, targets).to(DEVICE)

        # 误差反向传播
        loss.backward()

        # 更新模型参数
        optimizer.step()
        optimizer.zero_grad()

        # 当前批次损失
        loss_epoch.append(loss.item())

    # 训练损失
    loss_train.append(sum(loss_epoch)/(i+1))

    # 验证/测试
    model.eval()
```

```
    loss_epoch = []
    for i, data in enumerate(testLoader):

        # 获取数据
        targets = data[1].to(DEVICE).float()
        inputs = data[0].to(DEVICE).float()

        # 前向传播
        outputs = model(inputs)

        # 损失计算
        loss = loss_func(outputs, targets).to(DEVICE)

        # 当前批次损失
        loss_epoch.append(loss.item())

    # 测试损失
    loss_test.append(sum(loss_epoch)/(i+1))

    # 更新进度显示
    bar.set_postfix(
        loss=f'{loss_train[-1]:.6f}',
        loss_test=f'{loss_test[-1]:.6f}'
    )

# 测试集-预测
y_true = []
y_pred = []
model.eval()
```

```
with torch.no_grad():

    # 迭代全部测试样本
    for i, data in enumerate(testLoader):

        # 获取数据
        targets = data[1].to(DEVICE).float()
        inputs = data[0].to(DEVICE).float()

        # 前向传播
        outputs = model(inputs)

        # 存储测试集真值和预测值
        y_true.append(targets.detach().cpu().numpy().squeeze().reshape(1, -1))
        y_pred.append(outputs.detach().cpu().numpy().squeeze().reshape(1, -1))

# 重构输出
y_true = np.hstack(y_true).squeeze()
y_pred = np.hstack(y_pred).squeeze()

# 测试集-误差计算
m.all_metrics(y_true, y_pred)

# 可视化
p.plot_losses(
    train_loss=loss_train,
    val_loss=loss_test,
    xlabel='迭代/次',
    ylabel='损失',
```

```
    fig_name=f'{name_model}_损失'
)
p.plot_results(
    y_true=y_true,
    y_pred=y_pred,
    xlabel='时间',
    ylabel=f'{name_var}/{name_unit}',
    fig_name=f'{name_model}_预测曲线'
)
p.plot_parity(
    y_true=y_true,
    y_pred=y_pred,
    xlabel=f'观测值/{name_unit}',
    ylabel=f'预测值/{name_unit}',
    fig_name=f'{name_model}_Parity'
)
```

3. 结果分析

预测代码的执行结果在输出 4-8 中给出。

输出 4-8　多头自注意力(MHSA)网络温度预测

```
# ch4/ch4_5_att/att.ipynb (执行输出)
num_data=365
len(trainData)=255, len(testData)=110

MultiheadsSelfAttention(
  (query): Linear(in_features=24, out_features=48, bias=True)
  (key): Linear(in_features=24, out_features=48, bias=True)
  (value): Linear(in_features=24, out_features=48, bias=True)
```

```
  (attention): MultiheadAttention(
    (out_proj): NonDynamicallyQuantizableLinear(in_features=48, out_features=48, bias=
True)
  )
  (linear): Linear(in_features=48, out_features=24, bias=True)
)
Epoch: 200: 100% |█████| 200/200 [00: 31<00: 00,   6.34it/s, loss=4.988752, loss_test
=4.675999]


mse=4.652
rmse=2.157
mae=1.665
mape=40.759%
sde=2.115
r2=0.786
pcc=0.893
```

代码中绘制的各类图形如图 4-45～图 4-47 所示，分别为训练损失和验证/测试损失曲线图、预测结果曲线图和预测结果 Parity Plot 图。

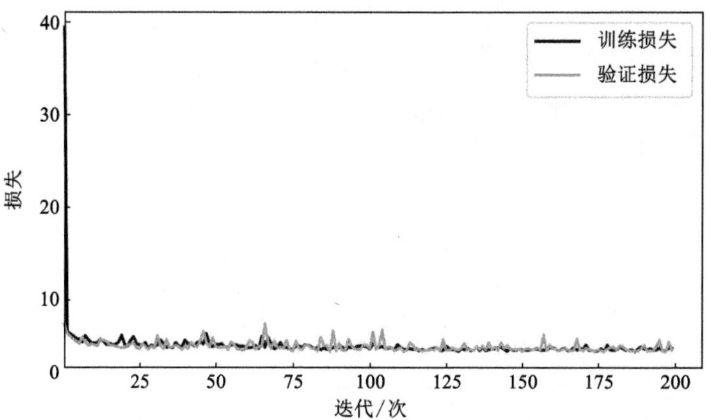

图 4-45　训练损失和验证/测试损失曲线图：MHSA

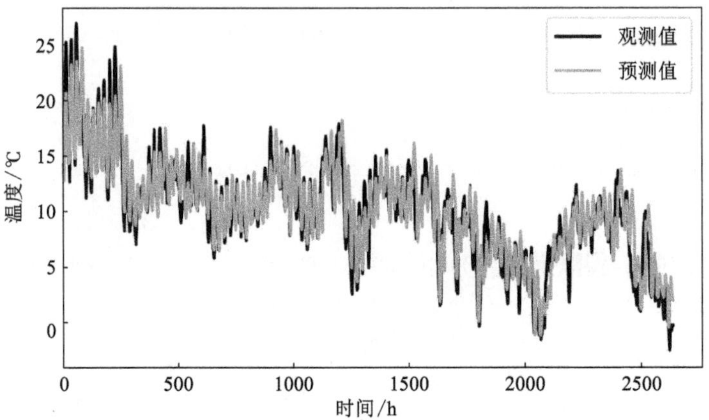

图 4-46　预测结果曲线图：MHSA

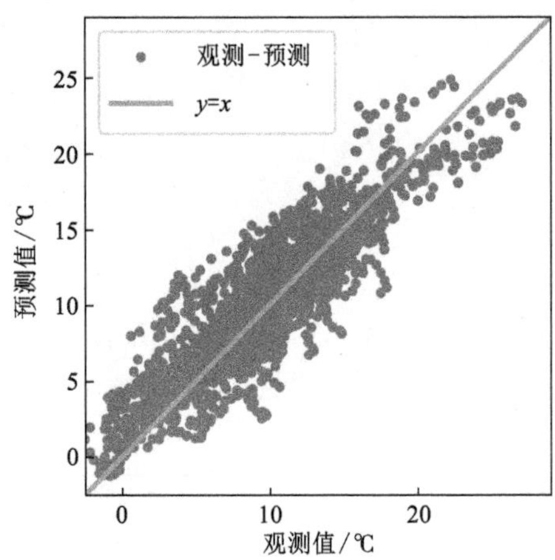

图 4-47　预测结果 Parity Plot 图：MHSA

附录 A

Python 开发环境配置

尽管在 Windows 操作系统中部署 Python 环境是可行的，但考虑到 Linux 操作系统对程序设计及调试支持性更好以及其他一些方面的优势，本书中全部程序代码均在 Linux 发行版 Ubuntu 操作系统下调试运行。本书中的代码同时在 Linux 和 Windows 环境下调试通过，读者可自由选择。

考虑到 Python 程序开发中可能会涉及不同版本开源 Package 或 Library 的使用，为此，本书推荐使用 Anaconda 作为虚拟环境管理工具，以隔离和维护可能彼此间存在冲突的不同 Python 环境。考虑到 Visual Studio Code（以下简称 Vscode）的轻量化和其丰富的拓展功能，本书选择 Vscode 作为集成开发环境（integrated development environment，IDE）。

A.1 Ubuntu 安装配置

读者可选择在虚拟机内构建 Ubuntu 系统，或为计算机安装第二操作系统。在有多台计算机的情况下，也可为第二台计算机安装 Ubuntu 系统并使用 SSH 工具远程连接进行程序开发。首先前往 Ubuntu 官方网站[①]下载系统的 ISO 镜像文件，建议读者选择带有用户图形界面的 Desktop 版本。

考虑到读者具体情况的不同以及 Ubuntu 安装过程的用户友好性，此处不再赘述 Ubuntu 系统安装过程，读者可参考网络资源完成安装。建议读者在安装过程中使用英文作为系统语言，尽管这不是必要的，但这样操作可能避免一些不可预见的小问题。完成安装后，建议读者首先更换 Ubuntu 国内软件源，随

① https://ubuntu.com/

后在终端内执行以下指令以更新系统软件：

```
sudo apt update
sudo apt upgrate
```

A.2 Anaconda 安装配置

首先前往 Anaconda 官方网站[①]下载其安装文件，随后在终端执行以下指令开始安装过程[②]：

```
cd ~/Downloads
bash Anaconda3-2022.10-Linux-x86_64.sh
```

在终端内参照提示按回车键确认并持续按回车键继续阅读软件许可，若无异议，输入 yes 并回车键确认。随后参照提示选择默认安装路径或手动指定安装路径，按回车键确认(注意，此处按一次回车键即可，否则后续将默认不在安装过程中初始化 Anaconda，此时需要手动初始化)后将自动开始安装过程。当询问是否初始化 Anaconda 时，输入 yes 后按回车键确认即可。

安装完成后再次打开终端会默认多出前缀(base)，这是因为 Anaconda 在安装过程中自动创建了名为 base 的虚拟环境，并在启动 shell 时默认激活该环境，前缀(base)提示用户在当前终端内将使用 base 环境下的 Python 解释器。执行以下指令即可关闭 base 环境的默认激活：

```
conda config --set auto_activate_base false
```

输入该指令后重启终端即可。为加快 Conda 的下载速度，需要更换 Anaconda 软件源，执行以下指令完成添加[③]：

```
conda config --add channels https://mirrors.tuna.tsinghua.edu.cn/anaconda/pkgs/free/
conda config --add channels https://mirrors.tuna.tsinghua.edu.cn/anaconda/pkgs/main
conda config --add channels https://mirrors.tuna.tsinghua.edu.cn/anaconda/pkgs/r
conda config --add channels https://mirrors.tuna.tsinghua.edu.cn/anaconda/pkgs/msys2
```

---

① https://www.anaconda.com/

② bash 后即为安装文件的文件名，由于用户使用的版本不同，该文件名可能与本书有所差异。

③ 可参考以下链接获得详细信息 https://mirror.tuna.tsinghua.edu.cn/help/anaconda/

```
conda config --add channels https://mirrors.tuna.tsinghua.edu.cn/anaconda/cloud/conda-forge
conda config --add channels https://mirrors.tuna.tsinghua.edu.cn/anaconda/cloud/msys2
conda config --add channels https://mirrors.tuna.tsinghua.edu.cn/anaconda/cloud/bioconda
conda config --add channels https://mirrors.tuna.tsinghua.edu.cn/anaconda/cloud/menpo
conda config --add channels https://mirrors.tuna.tsinghua.edu.cn/anaconda/cloud/pytorch
conda config --add channels https://mirrors.tuna.tsinghua.edu.cn/anaconda/cloud/simpleitk
```

在终端中输入如下指令即可查看 Conda 的基本信息，输出的 channel URLs 即包括上述增加的软件源。

```
conda info
```

A.3 Pip 配置

本书使用 Python 自带的 pip 工具管理各 Conda 环境下的 Python 库(当然也可直接使用 conda 进行管理)。为加快 pip 下载速度，首先需要更换 pip 工具的软件源，执行以下指令完成更换：

```
python -m pip install --upgrade pip
pip config set global.index-url https://pypi.tuna.tsinghua.edu.cn/simple
```

上述命令首先升级 pip 工具的版本,随后设置 pip 的全局索引。该项配置的作用范围将是全局的,在创建的各 Conda 虚拟环境下都将有效。

A.4 Python 虚拟环境配置

首先查看当前已有的 Conda 虚拟环境，执行以下命令：

```
conda env list
```

执行该命令会返回当前所有的可用 Conda 环境名及其路径。默认情况下，Conda 提供了一个名为 base 的虚拟环境，该环境中安装了常用的数据科学库。

本书不建议读者直接在 base 中安装其余需要的库，而是希望读者创建独立的虚拟环境[①]。以下给出 Conda 创建环境的基本流程。对于虚拟环境中应该安装的库，读者可参考前述各章节代码开头提供的模块/库导入命令。

使用 Conda 指令创建虚拟环境时需要为该环境指定特定版本的 Python[②]，执行以下指令创建名为 stat 环境：

```
conda create -n stat python=3.9.13
```

输入 y 确认将自动开始环境创建，结束后使用以下指令激活 stat 环境：

```
conda activate stat
```

若激活成功，当前终端提示符前出现前缀(stat)。使用以下指令更新 pip 版本：

```
pip install --upgrade pip
```

在数据科学任务中，通常都会使用到 numpy、pandas、matplotlib、scikit-learn、scipy 等库，因此，创建虚拟环境完成之后，可以首先使用以下指令安装它们：

```
pip install numpy
pip install pandas
pip install matplotlib
pip install scikit-learn
pip install scipy
```

在 pip 的安装过程中，pip 将自动下载各库所需的依赖项。安装完成后使用以下指令可查看当前虚拟环境下已安装的 Python 库：

```
pip list
```

以下指令用于删除 Conda 环境(其中 ENV_NAME 需替换为待删除的虚拟环境的名称)。如果在当前终端中，待删除的环境已经被激活，则需要首先使用 deactivate 命令退出该环境。

```
conda deactivate
conda remove -n ENV_NAME --all
```

① 尽管没有必要为每一章的内容单独创建一个虚拟环境，但为了尽可能地降低冲突发生的可能性，本书选择了创建多个独立的环境。

② 由于本书代码中使用了大量的 F 字符串的新特性 f'{expr=}'以用于打印输出各类信息，请务必使用 Python 3.6 以上版本的 Python 发行版，否则需要读者重新编辑使用到 f'{expr=}'的代码行。

以下指令用于清理 Conda 内部的各类缓存，以帮助缓解硬盘压力。

```
conda clean --all -y
```

A.5　Vscode 安装配置

首先前往 Vscode 官方网站[①]下载其安装文件，Ubuntu 系统下选择下载. deb 文件。执行以下指令安装 Vscode[②]：

```
cd ~/Downloads
sudo dpkg -i code_1.73.1-1667967334_amd64.deb
```

安装完成后在软件列表里即可找到 Vscode 图标并打开，读者也可以选择在终端内输入以下指令[③]打开 Vscode：

```
code .
```

该指令将以当前终端所在路径为 Vscode 默认的工作空间或工作路径。

安装完毕后需要为 Python 开发安装相应的拓展(Extensions)。点击 Vscode 左侧的 EXTENSIONS 选项卡，在搜索栏内输入 Python，点击搜索结果内 Python 拓展右侧的 install 即可安装。该过程将自动安装其他可能需要的拓展。

上述工作完成后，使用 Vscode 打开 Python 脚本文件或 Notebook 文件即可查看到可用的 Python 环境。在 Python 脚本中，点击 Vscode 窗口右下角 Python 版本即可弹出 Python 解释器选择窗口，在其中可以看到 Ubuntu 内置 Python 环境以及使用 Anaconda 创建的虚拟环境。在 Notebook 文件中，点击文件右上角的 Python 版本即可弹出 Kernel 选择窗口，可选择不同的 Python 环境。

在 Jupyter Notebook 内进行 Python 程序开发具有一定的优势，它允许用户单独调试每一部分代码块，并能够将代码、执行结果和 Markdown 格式的笔记等融合在一个文件中。因此，本书中除部分通用的工具函数和较复杂的类定义使用 Python 脚本文件外，各案例的主要代码均使用 Notebook 文件实现。在读者熟练模型基本原理和方法后，可将程序迁移至 Python 脚本文件，这对较大的项目工程是有帮助的。

---

① https://code.visualstudio.com/

② -i 后即为安装文件的文件名，由于用户使用的版本不同，该文件名可能与本书有所差异。

③ 需要注意，“code”和“.”之间存在一个空格。

附录 B

Spark 开发环境配置

B.1 Java 安装配置

安装 Apache Spark 前需要用户安装 Java 环境。

执行以下指令开始安装 openjdk[①]:

```
sudo apt-get install openjdk-8-jdk
```

执行以下指令验证是否安装成功:

```
java -version
```

若安装成功则会在终端中输出对应的版本信息:

```
openjdk version "1.8.0_352"
OpenJDK Runtime Environment (build 1.8.0_352-8u352-ga-1~22.04-b08)
OpenJDK 64-Bit Server VM (build 25.352-b08, mixed mode)
```

执行以下指令查找 Java 路径:

```
sudo update-alternatives --config java
```

若读者系统内无安装其他版本 Java，则应当得到以下输出:

```
There is only one alternative in link group java (providing /usr/bin/java):/usr/lib/jvm/java-8-openjdk-amd64/jre/bin/java
Nothing to configure.
```

① 更新版本的 openjdk 应当也是受支持的。

上述输出中/usr/lib/jvm/java-8-openjdk-amd64 即是后续将要设置的环境变量 JAVA_HOME 的值。

B.2 Scala 和 Hadoop 安装配置

在本书中为最简化流程，此处不单独安装 Scala 和 Apache Hadoop，而选择直接从硬盘读取数据文件并进行后续建模分析。若读者有使用 Scala 语言进行进一步研究或使用 HDFS 分布式文件系统等的需要，可参考其他网络资源或出版物。

B.3 Spark 安装配置

前往 Apache Spark 官方网站[①]下载其安装文件。本书选择 3.3.1(Oct 25 2022)发行版，包类型为"Pre-build for Apache Hadoop 3.3 and later"。文件下载完成后使用如下指令将压缩包解压并转移至目标路径[②]：

```
cd ~/Downloads
tar -zxvf spark-3.3.1-bin-hadoop3.tgz
sudo mv spark-3.3.1-bin-hadoop3 /usr/local
```

此时已将 Spark 相关文件全部放置在/usr/local/spark-3.3.1-bin-hadoop3 路径下，为确保可以在任意位置使用 Spark-shell，需要进行如下操作：

```
vim ~/.bashrc
```

在该文件中追加以下内容：

```
export JAVA_HOME='/usr/lib/jvm/java-8-openjdk-amd64'
export SPARK_HOME='/usr/local/spark-3.3.1-bin-hadoop3'
export PATH=$PATH:$SPARK_HOME/bin
```

保存文件回到终端，输入以下内容执行更新：

```
source ~/.bashrc
```

① https://spark.apache.org/

② -zxcf 和 mv 后即为安装文件的文件名，由于用户使用的版本不同，该文件名可能与本书有所差异。

在终端中输入如下指令即可启动 Scala 语言的 Spark 交互环境：

```
spark-shell
```

按 Ctrl+D 可退出上述交互式环境。

若无异常则终端会给出如下输出：

```
22/11/21 10:56:27 WARN Utils: Your hostname, yeli-virtual-machine resolves to a loopback address: 127.0.1.1; using 192.168.88.128 instead (on interface ens33)
22/11/21 10:56:27 WARN Utils: Set SPARK_LOCAL_IP if you need to bind to another address
Setting default log level to "WARN".
To adjust logging level use sc.setLogLevel(newLevel). For SparkR, use setLogLevel(newLevel).
22/11/21 10:56:35 WARN NativeCodeLoader: Unable to load native-hadoop library for your platform... using builtin-java classes where applicable
Spark context Web UI available at http://192.168.88.128:4040
Spark context available as 'sc' (master = local[*], app id = local-1668999396860).
Spark session available as 'spark'.
Welcome to
      ____              __
     / __/__  ___ _____/ /__
    _\ \/ _ \/ _ `/ __/  '_/
   /___/ .__/\_,_/_/ /_/\_\   version 3.3.1
      /_/

Using Scala version 2.12.15 (OpenJDK 64-Bit Server VM, Java 1.8.0_352)
Type in expressions to have them evaluated.
Type :help for more information.
```

由于具体环境差异，读者的输出通常会与上述不同。

若要启动 Python 语言的 Spark 交互环境，则输入以下指令：

```
pyspark
```

若无异常则终端会给出如下输出：

```
Python 3.10.6 (main, Nov  2 2022, 18:53:38) [GCC 11.3.0] on linux
Type "help", "copyright", "credits" or "license" for more information.
```

```
22/11/21 11:02:45 WARN Utils: Your hostname, yeli-virtual-machine resolves to a loopback address: 127.0.1.1; using 192.168.88.128 instead (on interface ens33)
22/11/21 11:02:45 WARN Utils: Set SPARK_LOCAL_IP if you need to bind to another address
Setting default log level to "WARN".
To adjust logging level use sc.setLogLevel(newLevel). For SparkR, use setLogLevel(newLevel).
22/11/21 11:02:46 WARN NativeCodeLoader: Unable to load native-hadoop library for your platform... using builtin-java classes where applicable
Welcome to
      ____              __
     / __/__  ___ _____/ /__
    _\ \/ _ \/ _ `/ __/  '_/
   /___/ .__/\_,_/_/ /_/\_\   version 3.3.1
      /_/

Using Python version 3.10.6 (main, Nov  2 2022 18:53:38)
Spark context Web UI available at http://192.168.88.128:4040
Spark context available as 'sc' (master = local[*], app id = local-1668999768089).
SparkSession available as 'spark'.
```

至此，基本的 Spark 环境配置完成。

B.4 PySpark 安装配置

Spark 支持 Scala、Java、Python、R 等编程语言，为在 Conda 虚拟环境中使用 Python 语言操作 Spark，需在 Spark 虚拟环境内单独安装 PySpark 包。PySpark 可直接通过 pip 指令安装。使用 pip 指令前请先激活相应的 Conda 环境（本例中的虚拟环境名称为 spark）。

```
conda activate spark
pip install pyspark
```

安装完毕后可执行以下代码以验证 PySpark 是否安装成功。

```
# appx/appx.ipynb
```

```
# PySpark 验证
from pyspark.sql import SparkSession
spark = SparkSession\
    .builder\
    .master('local[*]')\
    .appName('Time Series Forecasting')\
    .getOrCreate()
spark.stop()
```

若执行上述代码无异常，则证明 Conda 环境中的 PySpark 安装配置成功。

附录 C

项目工程结构

本书中包括全部数据和代码程序(演示程序、自定义模块和章节案例代码)的项目工程的目录层级如下所示：

```
.
├── appx
│   └── appx.ipynb
├── ch1
│   └── ch1.ipynb
├── ch2
│   ├── ch2_1_grid_sarma
│   │   ├── data
│   │   ├── fig
│   │   └── grid_sarima.ipynb
│   └── ch2_2_auto_sarima
│       ├── auto_sarima.ipynb
│       ├── data
│       └── fig
├── ch3
│   ├── ch3_1_knn
│   │   ├── fig
│   │   └── knn.ipynb
│   ├── ch3_2_mlr
│   │   ├── fig
│   │   └── mlr.ipynb
│   ├── ch3_3_svr
```

```
│   │   ├── fig
│   │   └── svr.ipynb
│   ├── ch3_4_dt
│   │   ├── dt.ipynb
│   │   └── fig
│   ├── ch3_5_ensemble
│   │   ├── ch3_5_1_rf
│   │   ├── ch3_5_2_gbrt
│   │   ├── ch3_5_3_xgboost
│   │   └── ch3_5_4_lightgbm
│   ├── ch3_6_spark
│   │   ├── fig
│   │   └── spark_mllib.ipynb
│   └── data
│       ├── data.ipynb
│       ├── data_pm2_5.csv
│       └── fig
├── ch4
│   ├── ch4_1_fnn
│   │   ├── data
│   │   ├── fig
│   │   └── fnn.ipynb
│   ├── ch4_2_rnn
│   │   ├── data
│   │   ├── fig
│   │   ├── gru.ipynb
│   │   └── lstm.ipynb
│   ├── ch4_3_cnn
│   │   ├── cnn.ipynb
│   │   ├── data
│   │   ├── fig
│   │   └── tcn.ipynb
│   ├── ch4_4_gnn
│   │   ├── data
│   │   ├── dataset_loader.py
│   │   ├── fig
│   │   ├── gat.ipynb
```

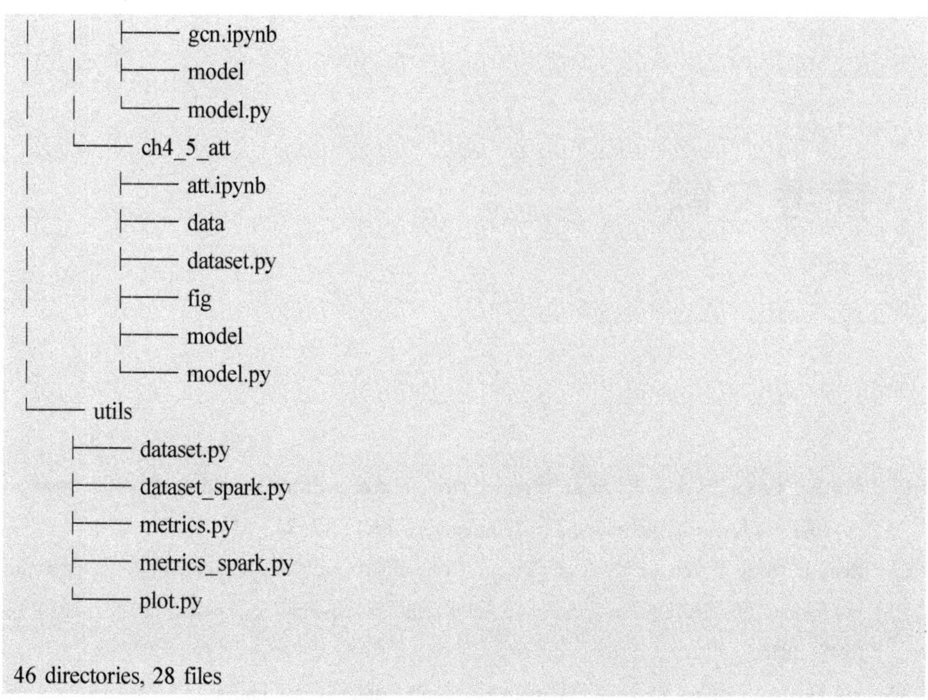

```
│   │   ├── gcn.ipynb
│   │   ├── model
│   │   └── model.py
│   └── ch4_5_att
│       ├── att.ipynb
│       ├── data
│       ├── dataset.py
│       ├── fig
│       ├── model
│       └── model.py
└── utils
    ├── dataset.py
    ├── dataset_spark.py
    ├── metrics.py
    ├── metrics_spark.py
    └── plot.py

46 directories, 28 files
```

其中 appx 文件夹用于存储附录中使用到的测试代码；ch1 至 ch4 文件夹用于存储各章节中的时间序列数据（位于 data 文件夹内）、预测模型代码（Notebook 文件和 Python 源文件）以及图片（位于 fig 文件夹内），部分 model 文件夹用于存储训练完成的模型文件；utils 文件夹用于存储自定义模块和工具函数等。

参考文献

[1] Wu W, Huang F, Kao Y, et al. Prediction method of multiple related time series based on generative adversarial networks[J]. Information, 2021, 12(2): 55.

[2] Zhao L, Song Y, Zhang C, et al. T-gcn: A temporal graph convolutional network for traffic prediction[J]. IEEE Transactions on Intelligent Transportation Systems, 2019, 21(9): 3848-3858.

[3] Liu H, Li Y, Duan Z, et al. A review on multi-objective optimization framework in wind energy forecasting techniques and applications[J]. Energy Conversion and Management, 2020, 224: 113324.

[4] Seabold S, Perktold J. Statsmodels: Econometric and statistical modeling with python[C]// Proceedings of the 9th Python in Science Conference. 2010, 57(61): 10-25080.

[5] Smith T G, Others. pmdarima: ARIMA estimators for Python[Z]. 2017.

[6] Pedregosa F, Varoquaux G E L, Gramfort A, et al. Scikit-learn: Machine Learning in Python[J]. Journal of Machine Learning Research, 2011, 12(85): 2825-2830.

[7] Zaharia M, Xin R S, Wendell P, et al. Apache Spark: a unified engine for big data processing[J]. Communications of the ACM, 2016, 59(11): 56-65.

[8] Abadi M, Barham P, Chen J, et al. Tensorflow: a system for large-scale machine learning [C]//12th USENIX Symposium on Operating Systems Design and Implementation (Osdi). 2016, 16(2016): 265-283.

[9] Paszke A, Gross S, Chintala S, et al. Automatic differentiation in PyTorch[C]//31st Conference on Neural Information Processing Systems (NIPS 2017), 2017: 1-4.

[10] 王晓辉, 邓威威, 齐旺. 基于超参数优化的短期电力负荷预测模型[J]. 国外电子测量技术, 2022, 41(6): 152-158.

[11] 张杨航, 吕锋, 李锋军, 等. 基于网格搜索与交叉验证的 SVR 大型拖拉机销量预测

[J]. 农业科技与装备, 2022(5): 34-37.

[12] 张立秀, 张淑娟, 孙海霞, 等. 高光谱技术结合网格搜索优化支持向量机的桃缺陷检测[J]. 食品与发酵工业, 2022: 1-10.

[13] Bergstra J, Bengio Y. Random search for hyper-parameter optimization. [J]. Journal of Machine Learning Research, 2012, 13(2): 281-305.

[14] 冯剑, 姚罕琦, 黄啸虎, 等. ARIMA 算法在工业控制器故障预测的应用[J]. 自动化仪表, 2022, 43(11): 62-67.

[15] 王琛文. 计量经济学 ARMA 模型详细介绍[J]. 经济研究导刊, 2017(21): 3-4.

[16] 嵇晓燕, 杨凯, 陈亚男, 等. 基于 ARIMA 和 Prophet 的水质预测集成学习模型[J]. 水资源保护, 2022, 38(6): 111-115.

[17] 王堃, 郑晨, 张立中, 等. 一种基于 SARIMA-LSTM 模型的电网主机负载预测方法[J]. 计算机工程与科学, 2022, 44(11): 2064-2070.

[18] 齐立新, 贾云龙, 唐海川. 基于 AR 模型的海洋环境噪声仿真预测研究[J]. 海洋技术, 2010, 29(2): 60-62.

[19] 贾云峰, 邱琳, 魏鸿浩. 基于 *K* 最近邻回归的频谱占用度预测[J]. 电讯技术, 2016, 56(8): 844-849.

[20] Song Y, Liang J, Lu J, et al. An efficient instance selection algorithm for *K* nearest neighbor regression[J]. Neurocomputing, 2017, 251: 26-34.

[21] Jobson J D. Multiple Linear Regression [M]//Applied Multivariate Data Analysis: Regression and Experimental Design. Springer, 1991: 219-398.

[22] 李学泱, 邵喜高. 基于多元线性回归和 Lasso 回归的高校生源质量影响因素研究[J]. 鲁东大学学报(自然科学版), 2022, 38(4): 350-356.

[23] 黄宇斐, 石新发, 贺石中, 等. 一种基于主成分分析与支持向量机的风电齿轮箱故障诊断方法[J]. 热能动力工程, 2022, 37(10): 175-181.

[24] Awad M, Khanna R. Support vector regression[M]//Efficient learning machines. Springer, 2015: 67-80.

[25] 李静波, 张莹, 盖荣丽. 基于机器学习的星载短波红外 CO_2 柱浓度估算研究[J]. 中国环境科学, 2022: 1-14.

[26] Wu X, Kumar V, Ross Quinlan J, et al. Top 10 algorithms in data mining[J]. Knowledge and information systems, 2008, 14(1): 1-37.

[27] Ho T K. Random decision forests [C]//Proceedings of 3rd international conference on document analysis and recognition. IEEE, 1995, 1: 278-282.

[28] 赵龙, 桑国庆, 武玮, 等. 基于随机森林回归算法的山洪灾害临界雨量预估模型[J]. 济南大学学报(自然科学版), 2022, 36(4): 404-411.

[29] Friedman J H. Greedy function approximation: a gradient boosting machine[J]. The Annals of Statistics, 2001, 29(5): 1189-1232.

[30] 杨文忠, 张志豪, 吾守尔·斯拉木, 等. 基于时间序列关系的 GBRT 交通事故预测模型[J]. 电子科技大学学报, 2020, 49(4): 615-621.

[31] Chen T, Guestrin C. Xgboost: A scalable tree boosting system[C]//Proceedings of the 22nd acm sigkdd international conference on knowledge discovery and data mining. 2016: 785-794.

[32] Qiu Y, Zhou J, Khandelwal M, et al. Performance evaluation of hybrid WOA-XGBoost, GWO-XGBoost and BO-XGBoost models to predict blast-induced ground vibration[J]. Engineering with Computers, 2022, 38(5): 4145-4162.

[33] Ke G, Meng Q, Finley T, et al. Lightgbm: A highly efficient gradient boosting decision tree [J]. Advances in neural information processing systems, 2017, 30: 1-9.

[34] Sun X, Liu M, Sima Z. A novel cryptocurrency price trend forecasting model based on LightGBM[J]. Finance Research Letters, 2020, 32: 101084.

[35] Gardner M W, Dorling S R. Artificial neural networks (the multilayer perceptron)—a review of applications in the atmospheric sciences[J]. Atmospheric environment, 1998, 32(14-15): 2627-2636.

[36] Hochreiter S, Schmidhuber J. Long short-term memory[J]. Neural computation, 1997, 9(8): 1735-1780.

[37] Li Y, Zhu Z, Kong D, et al. EA-LSTM: Evolutionary attention-based LSTM for time series prediction[J]. Knowledge-Based Systems, 2019, 181: 104785.

[38] Cho K, Van Merriënboer B, Gulcehre C, et al. Learning phrase representations using RNN encoder-decoder for statistical machine translation[J]. arXiv preprint arXiv: 1406.1078, 2014.

[39] Munkhdalai L, Li M, Theera-Umpon N, et al. VAR-GRU: A hybrid model for multivariate financial time series prediction[C]//Intelligent Information and Database Systems: 12th Asian Conference, Springer, 2020: 322-332.

[40] Gu J, Wang Z, Kuen J, et al. Recent advances in convolutional neural networks[J]. Pattern recognition, 2018, 77: 354-377.

[41] Hussain D, Hussain T, Khan A A, et al. A deep learning approach for hydrological time-series prediction: A case study of Gilgit river basin[J]. Earth Science Informatics, 2020, 13(3): 915-927.

[42] Bai S, Kolter J Z, Koltun V. An empirical evaluation of generic convolutional and recurrent networks for sequence modeling[J]. arXiv preprint arXiv: 1803.01271, 2018.

[43] Fan J, Zhang K, Huang Y, et al. Parallel spatio-temporal attention-based TCN for multivariate time series prediction[J]. Neural Computing and Applications, 2021: 1-10.

[44] Kipf T N, Welling M. Semi-supervised classification with graph convolutional networks [J]. arXiv preprint arXiv: 1609.02907, 2016.

[45] Veličković P, Cucurull G, Casanova A, et al. Graph attention networks[J]. arXiv preprint arXiv: 1710.10903, 2017.

[46] Hu R, Singh A. Unit: Multimodal multitask learning with a unified transformer[C]// Proceedings of the IEEE/CVF International Conference on Computer Vision. 2021: 1439-1449.

图书在版编目(CIP)数据

时间序列分析与 Python 实例 / 李烨等编著. —长沙:中南大学出版社, 2023.3(2025.2 重印)

ISBN 978-7-5487-5282-0

Ⅰ. ①时… Ⅱ. ①李… Ⅲ. ①软件工具—程序设计—应用—时间序列分析 Ⅳ. ①0211.61-39

中国国家版本馆 CIP 数据核字(2023)第 038229 号

时间序列分析与 Python 实例

SHIJIAN XULIE FENXI YU Python SHILI

李烨　陈琼　李燕飞　武星　彭琳琳　刘辉　编著

□**出 版 人**　林绵优
□**责任编辑**　刘颖维
□**责任印制**　唐　曦
□**出版发行**　中南大学出版社
　社址:长沙市麓山南路　邮编:410083
　发行科电话:0731-88876770　传真:0731-88710482
□**印　　装**　广东虎彩云印刷有限公司

□**开　　本**　710 mm×1000 mm 1/16　□**印张** 16.5　□**字数** 278 千字
□**版　　次**　2023 年 3 月第 1 版　□**印次** 2025 年 2 月第 3 次印刷
□**书　　号**　ISBN 978-7-5487-5282-0
□**定　　价**　79.00 元